JIANSHE GONGCHENG ZHILIANG JIANCE SHIYONG SHOUCE

建设工程质量检测实用手册

张　伟◎主编

U0190068

中国海洋大学出版社
·青岛·

图书在版编目(CIP)数据

建设工程质量检测实用手册 / 张伟主编. —青岛：中国海洋大学出版社，2021.9

ISBN 978-7-5670-2953-8

Ⅰ.①建… Ⅱ.①张… Ⅲ.①建筑工程—质量检验—手册 Ⅳ.①TU712.3-62

中国版本图书馆 CIP 数据核字(2021)第 203998 号

出版发行 中国海洋大学出版社
社　　址 青岛市香港东路 23 号　　**邮政编码** 266071
出 版 人 杨立敏
网　　址 http://pub.ouc.edu.cn
电子信箱 cbsebs@ouc.edu.cn
订购电话 0532—82032573(传真)
责任编辑 孙宇菲　赵孟欣　　**电　　话** 0532—85901092
印　　制 青岛国彩印刷股份有限公司
版　　次 2021 年 9 月第 1 版
印　　次 2021 年 9 月第 1 次印刷
成品尺寸 210 mm×270 mm
印　　张 10.25
字　　数 260 千
印　　数 1～2000
定　　价 86.00 元

发现印装质量问题，请致电 0532—58700166，由印刷厂负责调换。

编 委 会

名誉主编： 丰 彦

主　　编： 张 伟

副 主 编： 刘孝华　贾茂勇

编写人员：

邢 盛　张崇芹　曲静一　李汉宇　牛军利
李 青　朱 健　薛 飞　李宗海　程咸进
柴玉霞　王振栋　张 伟　苗 杰　郭效晨
逄钰国

审查人员：

亓学涛　董 珺　于晓娣　王 君　朱策策
逄 瑶　张美昌　谢新法　朱翠霞　王绍帅
张永俊　张凤涛　管丽娜　刘 鹏

前　言

为加强工程质量管理，切实做好建设工程检测验收工作，保证建设工程质量检测能严格按照相关制度及规定进行，不断推动建设工程行业高质量发展，我们特编写本书。

本书依据中华人民共和国建设部令第141号《建设工程质量检测管理办法》和《建筑工程施工质量验收统一标准》(GB 50300-2013)、行业标准和山东省地方标准，并结合工程实际进行编制。全书共分为建筑地基基础、混凝土工程、砌体结构工程、钢结构工程、幕墙工程、建筑地面工程、建筑装修工程、通风与空调工程、建筑节能工程等16章。对于未涉及的标准规范及更新后的标准或设计有要求的，按现行标准和设计要求进行。

本书涵盖范围广、内容多，涉及的法律法规和技术规范浩繁，时间较为仓促，编写过程中难免存在不足之处，敬请读者给予批评指正。

编　者

2021年10月

目　录

第一章　建筑地基基础

第一节　地基工程

一、概述

建筑地基直接承受建筑物传来的动、静荷载，其施工质量对整个工程的安全稳定具有十分重要的意义，地基工程的验收内容主要包括地基承载力、变形指标、原材料的验收、各项施工参数及岩土性状评价等。检查方法可选择静载试验、钻芯法、标准贯入试验、动力触探试验、静力触探试验、十字板剪切试验、土工试验、低应变法等。但考虑到每项检验方法都有其适用性及局限性，因此，对检验方法的适用性以及该方法对地基处理的效果评价的局限性应有足够认识，当采用一种检验方法检测结果存在不确定性时，应结合其他检验方法进行综合判断。

二、检测项目及相关标准规范

<table>
<tr><th>序号</th><th>产品名称</th><th>检测项目（参数）</th><th>组批规则及取样方法</th><th>相关规范、规程（取样依据）</th><th>取样方法及数量</th><th>检测标准</th><th>备注</th></tr>
<tr><td rowspan="4">1</td><td rowspan="4">素土和灰土地基、粉煤灰地基</td><td rowspan="3">地基承载力</td><td rowspan="3">静载试验</td><td>《建筑地基基础工程施工质量验收标准》GB 50202-2018</td><td>每 300 m^2 不应少于 1 点，超过 3 000 m^2 部分每 500 m^2 不应少于 1 点。每单位工程不应少于 3 点</td><td rowspan="3">《建筑地基处理技术规范》JGJ 79-2012
《建筑地基检测技术规范》JGJ 340-2015</td><td rowspan="3">/</td></tr>
<tr><td>《建筑地基处理技术规范》JGJ 79-2012</td><td>每个单体工程不宜少于 3 个点；对于大型工程应按单体工程的数量和工程划分的面积确定检验点数</td></tr>
<tr><td>《建筑地基检测技术规范》JGJ 340-2015</td><td>单位工程检测数量为每 500 m^2 不应少于 1 点，且总点数不应少于 3 点；复杂场地或重要建筑地基应增加检测数量</td></tr>
<tr><td>压实系数</td><td>环刀法</td><td>《建筑地基基础工程施工质量验收标准》GB 50202-2018</td><td>条形基础下垫层每 10～20 m 不应少于 1 个点；独立柱基、单个基础下垫层不应少于 1 个点；其他基础下垫层每 50～100 m^2 不应少于 1 个点</td><td>《建筑地基处理技术规范》JGJ 79-2012
《土工试验方法标准》GB/T 50123-2019</td><td>根据设计要求</td></tr>
</table>

（续表）

序号	产品名称	检测项目（参数）	组批规则及取样方法	相关规范、规程（取样依据）	取样方法及数量	检测标准	备注
2	砂和砂石地基	地基承载力	静载试验	《建筑地基基础工程施工质量验收标准》GB 50202-2018	每 300 m^2 不应少于 1 点，超过 3 000 m^2 部分每 500 m^2 不应少于 1 点。每单位工程不应少于 3 点	《建筑地基处理技术规范》JGJ 79-2012 《建筑地基检测技术规范》JGJ 340-2015	/
				《建筑地基处理技术规范》JGJ 79-2012	每个单体工程不宜少于 3 个点；对于大型工程应按单体工程的数量和工程划分的面积确定检验点数		
				《建筑地基检测技术规范》JGJ 340-2015	单位工程检测数量为每 500 m^2 不应少于 1 点，且总点数不应少于 3 点；复杂场地或重要建筑地基应增加检测数量		
		压实系数	灌砂法、灌水法	《建筑地基基础工程施工质量验收标准》GB 50202-2018	条形基础下垫层每 10～20 m 不应少于 1 个点；独立柱基、单个基础下垫层不应少于 1 个点；其他基础下垫层每 50～100 m^2 不应少于 1 个点	《建筑地基处理技术规范》JGJ 79-2012 《土工试验方法标准》GB/T 50123-2019	根据设计要求
3	土工合成材料地基	地基承载力	静载试验	《建筑地基基础工程施工质量验收标准》GB 50202-2018	每 300 m^2 不应少于 1 点，超过 3 000 m^2 部分每 500 m^2 不应少于 1 点。每单位工程不应少于 3 点	《建筑地基处理技术规范》JGJ 79-2012 《建筑地基检测技术规范》JGJ 340-2015	/
				《建筑地基处理技术规范》JGJ 79-2012	每个单体工程不宜少于 3 个点；对于大型工程应按单体工程的数量和工程划分的面积确定检验点数		
				《建筑地基检测技术规范》JGJ 340-2015	单位工程检测数量为每 500 m^2 不应少于 1 点，且总点数不应少于 3 点；复杂场地或重要建筑地基应增加检测数量		
		土工合成材料强度、延伸率	拉伸试验	《建筑地基基础工程施工质量验收标准》GB 50202-2018	以 100 m^2 为一批，每批应抽查 5%	《土工合成材料宽条拉伸试验方法》GB/T 15788-2017	根据设计要求

（续表）

序号	产品名称	检测项目（参数）	组批规则及取样方法	相关规范、规程（取样依据）	取样方法及数量	检测标准	备注
4	预压地基	地基承载力	静载试验	《建筑地基基础工程施工质量验收标准》GB 50202-2018	每 300 m^2 不应少于 1 点，超过 3 000 m^2 部分每 500 m^2 不应少于 1 点。每单位工程不应少于 3 点	《建筑地基处理技术规范》JGJ 79-2012 《建筑地基检测技术规范》JGJ 340-2015	/
				《建筑地基处理技术规范》JGJ 79-2012	检测数量按每个处理分区不少于 6 点进行检测，对于堆在斜坡处应增加检验数量		/
				《建筑地基检测技术规范》JGJ 340-2015	单位工程检测数量为每 500 m^2 不应少于 1 点，且总点数不应少于 3 点；复杂场地或重要建筑地基应增加检测数量		/
		地基土强度和变形指标	原位测试	《建筑地基基础工程施工质量验收标准》GB 50202-2018 《建筑地基处理技术规范》JGJ 79-2012	/	《土工试验方法标准》GB/T 50123-2019 《岩土工程勘察规范》GB 50021-2001（2009 年版）	根据设计要求
5	注浆地基	地基承载力	静载试验	《建筑地基基础工程施工质量验收标准》GB 50202-2018	每 300 m^2 不应少于 1 点，超过 3 000 m^2 部分每 500 m^2 不应少于 1 点。每单位工程不应少于 3 点	《建筑地基处理技术规范》JGJ 79-2012 《建筑地基检测技术规范》JGJ 340-2015	/
				《建筑地基处理技术规范》JGJ 79-2012	每个单体建筑检测数量不少于 3 点进行检测		/
				《建筑地基检测技术规范》JGJ 340-2015	单位工程检测数量为每 500 m^2 不应少于 1 点，且总点数不应少于 3 点；复杂场地或重要建筑地基应增加检测数量		/
		地基土强度和变形指标	原位测试	《建筑地基基础工程施工质量验收标准》GB 50202-2018	/	《土工试验方法标准》GB/T 50123-2019 《岩土工程勘察规范》GB 50021-2001（2009 年版）	根据设计要求

（续表）

序号	产品名称	检测项目（参数）	组批规则及取样方法	相关规范、规程（取样依据）	取样方法及数量	检测标准	备注
6	强夯、强夯置换地基(试夯)	地基承载力	根据静载荷试验、其他原位测试和室内土工试验等方法综合确定	《建筑地基处理技术规范》JGJ 79-2012	试夯区不小于 20 m×20 m，试验区静载荷试验数量应根据建筑场地复杂程度、建筑规模及建筑类型确定；每个试夯区不应少于 3 点	《建筑地基处理技术规范》JGJ 79-2012	根据设计要求
7	强夯地基（验收）	地基承载力	静载荷试验	《建筑地基基础工程施工质量验收标准》GB 50202-2018	静载荷试验每 300 m^2 不应少于 1 点，超过 3 000 m^2 部分每 500 m^2 不应少于 1 点。每单位工程不应少于 3 点；对于复杂场地或重要建筑地基应增加检验点数	《建筑地基处理技术规范》JGJ 79-2012 《建筑地基检测技术规范》JGJ 340-2015	根据设计要求
			根据静载荷试验、其他原位测试和室内土工试验等方法综合确定	《建筑地基处理技术规范》JGJ 79-2012	简单场地上的一般建筑，每个建筑地基载荷试验检测数量不少于 3 点；对于复杂地基或重要建筑地基应增加检验数量		
			静载荷试验	《建筑地基检测技术规范》JGJ 340-2015	单位工程检测数量为每 500 m^2 不应少于 1 点，且总点数不应少于 3 点；复杂场地或重要建筑地基应增加检测数量		
		地基土强度和变形指标	原位测试	《建筑地基基础工程施工质量验收标准》GB 50202-2018	/	《土工试验方法标准》GB/T 50123-2019 《岩土工程勘察规范》GB 50021-2001(2009 年版)	
		均匀性检验	动力触探试验或标准贯入试验、静力触探试验等原位测试	《建筑地基处理技术规范》JGJ 79-2012	一般建筑物，按每 400 m^2 不少于 1 个检测点，且不少于 3 点；对于复杂场地或重要建筑地基，每 300 m^2 不少于 1 个检验点，且不少于 3 点	《建筑地基处理技术规范》JGJ 79-2012	

（续表）

序号	产品名称	检测项目（参数）	组批规则及取样方法	相关规范、规程（取样依据）	取样方法及数量	检测标准	备注
8	强夯置换	地基承载力	单墩静载荷试验	《建筑地基基础工程施工质量验收标准》GB 50202-2018	不应少于墩点数的 0.5%，且每个单体不少于 3 点	《建筑地基处理技术规范》JGJ 79-2012 《建筑地基检测技术规范》JGJ 340-2015	必须进行通过现场试验确定适应性和处理效果
				《建筑地基处理技术规范》JGJ 79-2012	不应少于墩点数的 1%，且每个单体不少于 3 点		
				《建筑地基检测技术规范》JGJ 340-2015	不应少于墩点数的 0.5%，且每个单体不少于 3 点		
		地基承载力（特殊情形）	单墩复合地基静载荷试验	《建筑地基处理技术规范》JGJ 79-2012	检验数量不应少于墩点数的 1%，且每个建筑载荷试验检验点应不少于 3 点	《建筑地基处理技术规范》JGJ 79-2012 《建筑地基检测技术规范》JGJ 340-2015	对饱和粉土地基，当处理后墩间土能形成 2 m 以上厚度的硬层时可用该法
		检查置换墩着底情况及承载力与密度随深度的变化	采用超重型或重型动力触探试验等方法	《建筑地基处理技术规范》JGJ 79-2012	检验数量不应少于墩点数的 3%，且不少于 3 点	《建筑地基处理技术规范》JGJ 79-2012	根据设计要求
		地基土强度和变形指标	原位测试	《建筑地基基础工程施工质量验收标准》GB 50202-2018	/	《土工试验方法标准》GB/T 50123-2019 《岩土工程勘察规范》GB 50021-2001（2009 年版）	
9	砂石桩	地基承载力	复合地基静载荷试验	《建筑地基基础工程施工质量验收标准》GB 50202-2018	数量不应少于总桩数的 0.5%，且每个单体建筑不应少于 3 点	《建筑地基处理技术规范》JGJ 79-2012 《建筑地基检测技术规范》JGJ 340-2015	/
				《建筑地基处理技术规范》JGJ 79-2012	数量不应少于总桩数的 1%，且每个单体建筑不应少于 3 点		
				《建筑地基检测技术规范》JGJ 340-2015	数量不应少于总桩数的 0.5%，且每个单体建筑不应少于 3 点		

（续表）

序号	产品名称	检测项目（参数）	组批规则及取样方法	相关规范、规程（取样依据）	取样方法及数量	检测标准	备注
9	砂石桩	桩体密实度	重型动力触探试验	《建筑地基基础工程施工质量验收标准》GB 50202-2018 《建筑地基处理技术规范》JGJ 79-2012	检验深度不应小于处理地基深度，检测数量不应少于桩孔总数的 2%	《建筑地基检测技术规范》JGJ 340-2015	根据设计要求
10	土和灰土挤密桩	地基承载力	复合地基静载荷试验	《建筑地基基础工程施工质量验收标准》GB 50202-2018	数量不应少于总桩数的 0.5%，且每个单体建筑不应少于 3 点	《建筑地基处理技术规范》JGJ 79-2012 《建筑地基检测技术规范》JGJ 340-2015	/
				《建筑地基处理技术规范》JGJ 79-2012	数量不应少于总桩数的 1%，且每个单体建筑不应少于 3 点		
				《建筑地基检测技术规范》JGJ 340-2015	数量不应少于总桩数的 0.5%，且每个单体建筑不应少于 3 点		
		桩体填料平均压实系数	环刀法	《建筑地基基础工程施工质量验收标准》GB 50202-2018 《建筑地基处理技术规范》JGJ 79-2012	不应少于总桩数的 1%，且不得少于 9 根	《土工试验方法标准》GB/T 50123-2019	根据设计要求
11	柱锤冲扩桩	复合地基承载力	复合地基静载荷试验	《建筑地基处理技术规范》JGJ 79-2012	试验数量不应少于总桩数的 1%，且每个单体建筑不应少于 3 点	《建筑地基处理技术规范》JGJ 79-2012	/
				《建筑地基检测技术规范》JGJ 340-2015	试验数量不应少于总桩数的 0.5%，且每个单体建筑不应少于 3 点	《建筑地基检测技术规范》JGJ 340-2015	
		桩身及桩间土密实度	重型动力触探或标准贯入试验	《建筑地基处理技术规范》JGJ 79-2012	不应少于冲扩桩总数的 2%，每个单体工程桩身及桩间土总检验点数均不应少于 6 点	《建筑地基处理技术规范》JGJ 79-2012	根据设计要求

（续表）

序号	产品名称	检测项目（参数）	组批规则及取样方法	相关规范、规程（取样依据）	取样方法及数量	检测标准	备注
12	水泥土搅拌桩	复合地基承载力	复合地基静载荷试验、单桩静载荷试验	《建筑地基基础工程施工质量验收标准》GB 50202-2018	复合地基静载荷试验和单桩静载荷试验数量均不应少于总桩数的 0.5%，且每个单体不应少于 3 点	《建筑地基处理技术规范》JGJ 79-2012 《建筑地基检测技术规范》JGJ 340-2015	/
				《建筑地基处理技术规范》JGJ 79-2012	验收检验数量不少于总桩数的 1%，复合地基静载荷试验数量不少于 3 台（多轴搅拌为 3 组）		
				《建筑地基检测技术规范》JGJ 340-2015	复合地基静载荷试验和单桩静载荷试验数量均不应少于总桩数的 0.5%，且每个单体不应少于 3 点		
		桩身强度	28 d 试块强度或钻芯法	《建筑地基基础工程施工质量验收标准》GB 50202-2018 《建筑地基处理技术规范》JGJ 79-2012	采用钻芯法时，检验数量为施工总桩数的 0.5%，且不少于 6 点	《建筑地基检测技术规范》JGJ 340-2015	根据设计要求
		上部桩身均匀性	动力触探	《建筑地基处理技术规范》JGJ 79-2012	总桩数的 1%，且不少于 3 根	《建筑地基检测技术规范》JGJ 340-2015	
13	水泥粉煤灰碎石桩	复合地基承载力	复合地基静载荷试验、单桩静载荷试验	《建筑地基基础工程施工质量验收标准》GB 50202-2018	复合地基静载荷试验和单桩静载荷试验数量均不应少于总桩数的 0.5%，且每个单体不应少于 3 点	《建筑地基处理技术规范》JGJ 79-2012 《建筑地基检测技术规范》JGJ 340-2015	/
				《建筑地基处理技术规范》JGJ 79-2012	复合地基静载荷试验和单桩静载荷试验数量均不应少于总桩数的 1%，且每个单体工程的复合地基静载荷试验数量不应少于 3 点		
				《建筑地基检测技术规范》JGJ 340-2015	复合地基静载荷试验和单桩静载荷试验数量均不应少于总桩数的 0.5%，且每个单体不应少于 3 点		
		桩身质量	低应变法	《建筑地基处理技术规范》JGJ 79-2012	检查数量不低于总桩数的 10%	《建筑基桩检测技术规范》JGJ 106-2014	根据设计要求

（续表）

序号	产品名称	检测项目（参数）	组批规则及取样方法	相关规范、规程（取样依据）	取样方法及数量	检测标准	备注
14	多桩型复合地基	复合地基承载力	复合地基静载荷试验、单桩静载荷试验	《建筑地基处理技术规范》JGJ 79-2012	①多桩复合地基静载荷试验和单桩静载荷试验，检验数量不得少于总桩数的 1%； ②多桩复合地基载荷板静载荷试验，对每个单体工程检验数量不得少于 3 点； ③增强体施工质量检验，对散体材料增强体的检验数量不应少于其总桩数的 2%，对具有粘结强度的增强体，完整性检验数量不应少于其总桩数的 10%	《建筑地基处理技术规范》JGJ 79-2012 《建筑地基检测技术规范》JGJ 340-2015	/
15	夯实水泥土桩	复合地基承载力	复合地基静载荷试验、单桩静载荷试验	《建筑地基基础工程施工质量验收标准》GB 50202-2018	复合地基静载荷试验和单桩静载荷试验数量均不应少于总桩数的 0.5%，且每个单体不应少于 3 点	《建筑地基处理技术规范》JGJ 79-2012 《建筑地基检测技术规范》JGJ 340-2015	重要和大型工程，应进行多桩复合地基静载试验
				《建筑地基处理技术规范》JGJ 79-2012	复合地基静载荷试验和单桩静载荷试验数量均不应少于总桩数的 1%，且每个单体工程的复合地基静载荷试验数量不应少于 3 点		
				《建筑地基检测技术规范》JGJ 340-2015	复合地基静载荷试验和单桩静载荷试验数量均不应少于总桩数的 0.5%，且每个单体建筑不应少于 3 点		
		桩体填料平均压实系数	环刀法	《建筑地基基础工程施工质量验收标准》GB 50202-2018	/	《土工试验方法标准》GB/T 50123-2019	根据设计要求

（续表）

序号	产品名称	检测项目（参数）	组批规则及取样方法	相关规范、规程（取样依据）	取样方法及数量	检测标准	备注
16	旋喷桩	复合地基承载力	复合地基静载荷试验、单桩静载荷试验	《建筑地基基础工程施工质量验收标准》GB 50202-2018	复合地基静载荷试验和单桩静载荷试验数量均不应少于总桩数的 0.5%，且每个单体建筑不应少于 3 点	《建筑地基处理技术规范》JGJ 79-2012 《建筑地基检测技术规范》JGJ 340-2015	/
				《建筑地基处理技术规范》JGJ 79-2012	复合地基静载荷试验和单桩静载荷试验数量均不应少于总桩数的 1%，且每个单体工程的复合地基静载荷试验数量不应少于 3 点		/
				《建筑地基检测技术规范》JGJ 340-2015	复合地基静载荷试验和单桩静载荷试验数量均不应少于总桩数的 0.5%，且每个单体建筑不应少于 3 点		/
		桩身强度	28 d 试块强度或钻芯法	《建筑地基基础工程施工质量验收标准》GB 50202-2018	/	《建筑地基检测技术规范》JGJ 340-2015	根据设计要求

第二节　基础工程

一、概述

基础工程主要包括无筋扩展基础、钢筋混凝土扩展基础、筏形与箱形基础、桩基础、锚杆基础以及抗浮锚杆等基础安全措施，是建筑物的“根”，在地基与主体结构之间起到承上启下的重要作用。

无筋扩展基础、钢筋混凝土扩展基础应对混凝土强度、轴线位置、基础顶面标高等进行检验；筏形与箱形基础应对筏形和箱形基础的混凝土强度、轴线位置、基础顶面标高及平整度进行验收，混凝土强度检测方法采用 28 d 试块抗压强度。

工程桩的检测主要是承载力和桩身完整性，检测方法应合理选择搭配，提高检测结果的可靠性和检测过程的可操作性，因此在具体选择检测方法时，应根据检测目的、内容和要求，结合各检测方法的适用范围和检测能力，考虑设计、地基条件、施工因素和工程重要性等情况确定，不允许超适用范围滥用。同时要兼顾实施中的经济合理性，即在满足正确评价的前提下，做到快速、经济。

二、检测项目及相关标准规范

1. 桩身完整性检测可采用低应变法、钻芯法、声波透射法、高应变法等。

a. 建筑桩基设计等级为甲级，或地基条件复杂、成桩质量可靠性较低的灌注桩工程，检测数量不应少于总桩数的 30%，且不应少于 20 根；其他桩基工程，检测数量不应少于总桩数的 20%，且不应少于 10 根；

b. 除符合本条上款规定外，每个柱下承台检测桩数不应少于 1 根；

c. 大直径嵌岩灌注桩或设计等级为甲级的大直径灌注桩，应在本条第 a、b 款规定的检测桩数范围内，按不少于总桩数 10%的比例采用声波透射法或钻芯法检测；

d. 当施工质量有疑问的桩数、局部地基条件出现异常的桩数较多，或为了全面了解整个工程基桩的桩身完整性情况时，宜增加检测数量。

2. 灌注桩混凝土强度检验的试件应在施工现场随机抽取。来自同一搅拌站的混凝土，每浇筑 50 m^3 必须至少留置 1 组试件；当浇筑量不足 50 m^3 时，每连续浇筑 12 h 必须至少留置 1 组试件。对单桩单柱，每根柱应至少留置 1 组试件。

3. 工程桩应进行承载力和桩身完整性检验，桩身完整性检测要求见第 1 条，承载力检测要求见下表。

序号	产品名称	检测项目(参数)	组批规则及取样方法	相关规范、规程(取样依据)	取样方法及数量	检测标准	备注
1	试验桩	单桩竖向抗压承载力、单桩竖向抗拔承载力、单桩水平承载力	采用单桩静载试验，为设计提供依据的试验桩检测	《建筑地基基础工程施工质量验收标准》GB 50202-2018	检测数量应满足设计要求，且在同一条件下不应少于 3 根；当预计工程桩总数小于 50 根时，检测数量不应少于 2 根	《建筑基桩检测技术规范》JGJ 106-2014	/

（续表）

序号	产品名称	检测项目（参数）	组批规则及取样方法	相关规范、规程（取样依据）	取样方法及数量	检测标准	备注
2	验收桩：钢筋混凝土预制桩、泥浆护壁成孔灌注桩、干作业成孔灌注桩、长螺旋钻孔灌注桩、沉管灌注桩	单桩竖向抗压承载力、单桩竖向抗拔承载力、单桩水平承载力	采用单桩静载试验： ①设计等级为甲级的桩基； ②施工前未按本规范进行单桩静载试验的工程； ③施工前进行了单桩静载试验，但施工过程中变更了工艺参数或施工质量出现了异常； ④地基条件复杂、桩施工质量可靠性低； ⑤本地区采用的新桩型或新工艺； ⑥施工过程中产生挤土上浮或偏位的群桩	《建筑地基基础工程施工质量验收标准》GB 50202-2018	不应少于同一条件下桩基分项工程总桩数的1%，且不应少于3根；当总桩数小于50根时，检测数量不应少于2根	《建筑基桩检测技术规范》JGJ 106-2014	/
3	验收桩：钢筋混凝土预制桩、泥浆护壁成孔灌注桩、干作业成孔灌注桩、长螺旋钻孔灌注桩、沉管灌注桩	高应变法检测单桩竖向抗压承载力	除本表第2项中6种条件的工程桩外，预制桩和满足高应变法适用范围的灌注桩	《建筑地基基础工程施工质量验收标准》GB 50202-2018	检测数量不宜少于总桩数的5%，且不得少于10根	《建筑基桩检测技术规范》JGJ 106-2014	注意采用高应变确定单桩承载力时，应确定其适用性
4	验收桩：钢桩	单桩竖向抗压承载力、单桩竖向抗拔承载力、单桩水平承载力	单桩静载试验	《建筑地基基础工程施工质量验收标准》GB 50202-2018	不应少于同一条件下桩基分项工程总桩数的1%，且不应少于3根；当总桩数小于50根时，检测数量不应少于2根	《建筑基桩检测技术规范》JGJ 106-2014	/

（续表）

序号	产品名称	检测项目（参数）	组批规则及取样方法	相关规范、规程（取样依据）	取样方法及数量	检测标准	备注
5	锚杆静压桩	单桩竖向抗压承载力、单桩竖向抗拔承载力、单桩水平承载力	单桩静载试验	《建筑地基基础工程施工质量验收标准》GB 50202-2018	不应少于同一条件下桩基分项工程总桩数的1%，且不应少于3根；当总桩数小于50根时，检测数量不应少于2根	《建筑基桩检测技术规范》JGJ 106-2014	/
6	抗浮锚杆基本试验	抗拔承载力	锚杆抗拔试验	《建筑地基基础设计规范》GB 50007-2011	地层条件、锚杆杆体和参数、施工工艺与工程锚杆相同，试验数量不少于3根	《建筑地基基础设计规范》GB 50007-2011	根据设计要求选择试验规范
				《建筑边坡工程技术规范》GB 50330-2013		《建筑边坡工程技术规范》GB 50330-2013	
				《建筑工程抗浮技术标准》JGJ 476-2019		《建筑工程抗浮技术标准》JGJ 476-2019	
7	抗浮锚杆验收试验	抗拔承载力	锚杆抗拔试验	《建筑地基基础设计规范》GB 50007-2011	岩石锚杆：同一场地同一岩层中试验数不得少于总数的5%，且不应少于6根； 土层锚杆：锚杆数量取锚杆总数的5%，且不应少于5根	《建筑地基基础设计规范》GB 50007-2011	根据设计要求选择试验规范
				《建筑边坡工程技术规范》GB 50330-2013	验收试验锚杆的数量取每种类型锚杆总数的5%，自由段位于Ⅰ、Ⅱ、Ⅲ类岩石内时取总数的1.5%，且均不得少于5根	《建筑边坡工程技术规范》GB 50330-2013	
				《建筑工程抗浮技术标准》JGJ 476-2019	验收试验应抽取每种类型锚杆总数的5%且不少于5根。对有特殊要求的工程，可按设计要求增加验收抗浮锚杆的数量	《建筑工程抗浮技术标准》JGJ 476-2019	

（续表）

序号	产品名称	检测项目(参数)	组批规则及取样方法	相关规范、规程（取样依据）	取样方法及数量	检测标准	备注
7	抗浮锚杆验收试验	抗拔承载力	锚杆抗拔试验	《岩土锚杆与喷射混凝土支护工程技术规范》GB 50086-2015	其中占锚杆总量5%且不少于3根的锚杆应进行多循环张拉验收试验，占锚杆总量95%的锚杆应进行单循环张拉验收试验。锚杆多循环张拉验收试验应由业主委托第三方，锚杆单循环张拉验收试验可由工程施工单位在锚杆张拉过程中实施	《岩土锚杆与喷射混凝土支护工程技术规范》GB 50086-2015	根据设计要求选择试验规范
8	岩石锚杆基础	抗拔承载力	岩石锚杆抗拔试验	《建筑地基基础工程施工质量验收标准》GB 50202-2018	在同一场地同一岩层中的锚杆，试验数不得少于总锚杆的5%，且不应少于6根	《建筑地基基础设计规范》GB 50007-2011	/
		锚固体强度	28 d试块强度	《建筑地基基础工程施工质量验收标准》GB 50202-2018 《混凝土结构工程施工质量验收标准》GB 50204-2015 《水泥基灌浆材料应用技术规范》GB/T 50448-2015	①每100盘，但不超过100 m^3的同配合比混凝土，取样次数不应少于一次； ②每一工作班拌制的同配合比混凝土，不足100盘和100 m^3时其取样次数不应少于一次； ③当一次连续浇筑的同配合比混凝土超过1 000 m^3时，每200 m^3取样不应少于一次	《混凝土物理力学性能试验方法标准》GB/T 50081-2019	/
					每50 t为一个留样检验批，不足50 t的应按一个检验批	《建筑砂浆基本性能试验方法标准》JGJ/T 70-2009	/

第三节　基坑支护工程

一、概述

基坑支护工程是为主体结构地下部分的施工而采取的临时性措施，在建筑行业内是属于高风险的技术领域，全国各地基坑工程事故的发生率虽然逐年减少，但仍不断地出现，不合理的设计与低劣的施工质量是造成这些基坑事故的主要原因。

基坑支护方法主要有支挡式结构支护、土钉墙支护、重力式水泥土墙支护等方式，支挡式结构又包含排桩、地下连续墙、截水帷幕、锚杆、内支撑等内容，重点检测锚杆抗拔承载力、桩完整性以及材料强度，有抗渗要求的还应检测抗渗性能。

二、检测项目及相关标准规范

序号	产品名称	检测项目（参数）	组批规则及取样方法	相关规范、规程（取样依据）	取样方法及数量	检测标准	备注
1	灌注桩排桩	完整性检测	低应变法、声波透射法或钻芯法	《建筑地基基础工程施工质量验收标准》GB 50202-2018	采用低应变法时检测桩数不宜少于总桩数的 20%，且不得少于 5 根。采用桩墙合一时，低应变法检测桩身完整性的检测数量应为总桩数的 100%；采用声波透射法检测的灌注桩排桩数量不应低于总桩数的 10%，且不应少于 3 根	《建筑基桩检测技术规范》JGJ 106-2014	当根据低应变法或声波透射法判定的桩身完整性为Ⅲ类、Ⅳ类时，应采用钻芯法进行验证
		混凝土强度指标	28 d 试块强度		灌注桩每浇筑 50 m^3 必须至少留置 1 组混凝土强度试件，单桩不足 50 m^3 的桩，每连续浇筑 12 h 必须至少留置 1 组混凝土强度试件	《混凝土物理力学性能试验方法标准》GB/T 50081-2019	/
		抗渗性能	抗水渗透试验		一个级配不宜少于 3 组	《普通混凝土长期性能和耐久性能试验方法标准》GB/T 50082-2009	如有抗渗等级要求时

（续表）

序号	产品名称	检测项目（参数）	组批规则及取样方法	相关规范、规程（取样依据）	取样方法及数量	检测标准	备注
2	截水帷幕	桩身强度：采用单轴水泥土搅拌桩、双轴水泥土搅拌桩、三轴水泥土搅拌桩时	钻芯法或 28 d 试块强度	《建筑地基基础工程施工质量验收标准》GB 50202-2018	采用钻芯法时，取芯数量不宜少于总桩数的 1%，且不应少于 3 根	《建筑地基检测技术规范》JGJ 340-2015 《混凝土物理力学性能试验方法标准》GB/T 50081-2019	/
		桩身强度：采用高压喷射注浆时	钻芯法		取芯数量不宜少于总桩数的 1%，且不应少于 3 根	《建筑地基检测技术规范》JGJ 340-2015	/
		桩身强度：采用渠式切割水泥土连续墙时	钻芯法或 28 d 试块强度		采用钻芯法时，取芯数量宜沿基坑周边每 50 延米取 1 个点，且不应少于 3 个	《建筑地基检测技术规范》JGJ 340-2015	/
3	型钢水泥土搅拌桩	强度指标：截水帷幕采用三轴水泥土搅拌桩时	钻芯法或 28 d 试块强度	《建筑地基基础工程施工质量验收标准》GB 50202-2018	采用钻芯法时，抽检数量不应少于总桩数的 2%，且不得少于 3 根	《建筑基桩检测技术规范》JGJ 106-2014 《建筑地基检测技术规范》JGJ 340-2015	/
		强度指标：截水帷幕采用渠式切割水泥土连续墙时	钻芯法或 28 d 试块强度		采用钻芯法时抽检数量每 50 延米不应少于 1 个取芯点，且不得少于 3 个	《混凝土物理力学性能试验方法标准》GB/T 50081-2019 《建筑地基检测技术规范》JGJ 340-2015	/
4	土钉墙	抗拔承载力	土钉抗拔承载力试验	《建筑地基基础工程施工质量验收标准》GB 50202-2018	检验数量不宜少于土钉总数的 1%，且同一土层中的土钉检验数量不应小于 3 根	《建筑基坑支护技术规程》JGJ 120-2012	/

（续表）

序号	产品名称	检测项目（参数）	组批规则及取样方法	相关规范、规程（取样依据）	取样方法及数量	检测标准	备注
5	地下连续墙	抗压强度	28 d 试块强度	《建筑地基基础工程施工质量验收标准》GB 50202-2018	墙身混凝土抗压强度试块每 100 m^3 混凝土不应少于 1 组，且每幅槽段不应少于 1 组，每组为 3 件	《混凝土物理力学性能试验方法标准》GB/T 50081-2019	/
		抗压强度（兼做永久结构）	除 28 d 试块强度外，补充声波透射法		采用声波透射法对墙体质量进行检验，同类型槽段的检验数量不应少于 10%，且不得少于 3 幅	/	/
		抗渗等级	抗渗试验		墙身混凝土抗渗试块每 5 幅槽段不应少于 1 组，每组为 6 件	《普通混凝土长期性能和耐久性能试验方法标准》GB/T 50082-2009	/
		抗渗等级（兼做永久结构）	抗渗性能检验，符合设计要求		每连续 5 个槽段抽查 1 个，且不得少于 3 个槽段		
6	重力式水泥土墙	水泥土搅拌桩的桩身强度	钻芯法	《建筑地基基础工程施工质量验收标准》GB 50202-2018	取芯数量不宜少于总桩数的 1%，且不得少于 6 根	《建筑地基检测技术规范》JGJ 340-2015	/
7	土体加固	桩身强度：用水泥土搅拌桩、高压喷射注浆等	钻芯法	《建筑地基基础工程施工质量验收标准》GB 50202-2018	取芯数量不宜少于总桩数的 0.5%，且不得少于 3 根	《建筑地基检测技术规范》JGJ 340-2015	水泥土搅拌桩、高压喷射压浆法、注浆法分别满足其自身检测要求
		土层检验，采用注浆法土体加固时	静力或动力触探、标准贯入等原位测试		每 200 m^2 检测数量不应少于 1 点，且总数量不应少于 5 点	/	
8	锚杆抗拔承载力	基本试验	锚杆抗拔承载力试验	《建筑基坑支护技术规程》JGJ 120-2012	同一条件下的极限抗拔承载力试验的锚杆数量不应少于 3 根	《建筑基坑支护技术规程》JGJ 120-2012	/
		验收试验	锚杆抗拔承载力试验	《建筑地基基础工程施工质量验收标准》GB 50202-2018	检验数量不宜少于锚杆总数的 5%，且同一土层中的锚杆检验数量不应少于 3 根	《建筑基坑支护技术规程》JGJ 120-2012	/

注：与主体结构相结合的基坑支护，根据《建筑地基基础工程施工质量验收标准》GB 50202-2018 和《建筑基坑支护技术规程》JGJ 120-2012 确定试验项目

第四节 土石方回填工程

一、概述

土石方回填施工前应对回填料的性质和条件进行试验分析，然后根据施工区域土料特性确定其回填部位和方法，按不同质量要求合理调配土石方，并根据不同的土质和回填质量要求选择合理的压实设备及方法。

二、检测项目及相关标准规范

序号	产品名称	检测项目（参数）	组批规则及取样方法	相关规范、规程（取样依据）	取样方法及数量	检测标准	备注
1	土石方回填	击实试验	/	《土工试验方法标准》GB/T 50123-2019	每种类型的土质取样1～3组进行试验，素土、灰土、砂、粉煤灰地基同一材料不少于20 kg（灰土中土和生石灰按比例），砂石地基同一材料不应少于50 kg	《土工试验方法标准》GB/T 50123-2019	/
		压实系数	环刀法、灌水法、灌砂法	《建筑地基基础工程施工质量验收标准》GB 50202-2018	①环刀法：基坑和室内回填，每层按100～500 m²取样1组，且每层不少于1组；柱基回填，每层抽样柱基总数的10%，且不少于5组；基槽或管沟回填，每层按长度20～50 m取样1组，且每层不少于1组；室外回填，每层按400～900 m²取样1组，且每层不少于1组，取样部位应在每层压实后的下半部。 ②灌砂或灌水法：取样数量可较环刀法适当减少，但每层不少于1组	《土工试验方法标准》GB/T 50123-2019	/

第五节　边坡工程

一、概述

对边坡工程的质量验收，应在钢筋、混凝土、预应力锚杆、挡土墙等验收合格的基础上，进行质量控制资料的检查及感观质量验收，并对涉及结构安全的材料、试件、施工工艺和结构的重要部位进行见证检测或结构实体检验。

二、检测项目及相关标准规范

序号	产品名称	检测项目（参数）	组批规则及取样方法	相关规范、规程（取样依据）	取样方法及数量	检测标准	备注
1	锚杆抗拔承载力	基本试验	锚杆抗拔承载力试验	《建筑地基基础工程施工质量验收标准》GB 50202-2018	每种试验锚杆数量均不应少于3根	《建筑边坡工程技术规范》GB 50330-2013	当有以下情况时应做基本实验： ①当设计有要求时； ②采用新工艺、新材料或新技术的锚杆(索)； ③无锚固工程经验的岩土层内的锚杆(索)； ④一级边坡工程的锚杆(索)
		验收试验	锚杆抗拔承载力试验	《建筑地基基础工程施工质量验收标准》GB 50202-2018	试验数量取每种类型锚杆总数的5%，自由段位于Ⅰ、Ⅱ、Ⅲ类岩石内时取总数的1.5%，且均不得少于5根	《建筑边坡工程技术规范》GB 50330-2013	/

第二章　混凝土工程

第一节　模板分项工程

1. 模板及支架用材料的技术指标应符合国家现行有关标准的规定。
2. 支架竖杆或竖向模板安装在土层上时，应进行土层密实度或现场承载力检测。

第二节　钢筋分项工程

一、概述

钢筋分项工程是普通钢筋及成型钢筋进场检验、钢筋加工、钢筋连接等一系列技术工作和完成实体的总称。对钢筋进行检测是为了确保受力钢筋等的加工、连接等满足设计要求和规范的有关规定。

二、检测项目及相关标准规范

序号	产品名称	检测项目（参数）	组批规则及取样方法	相关规范、规程（取样依据）	取样方法及数量	检测标准	备注
1	热轧光圆钢筋	表面、尺寸偏差、化学成分、下屈服强度、抗拉强度、断后伸长率、最大力总延伸率、弯曲试验、重量偏差	每批由同一牌号、同一炉罐号、同一尺寸的钢筋组成。每批重量≤60 t。 允许由同一牌号、同一冶炼方法、同一浇注方法的不同炉罐号组成混合批。各炉罐号含碳量之差≤0.02%，含锰量之差≤0.15%。混合批的重量≤60 t。 取样方法：不同根（盘）钢筋切取	《钢筋混凝土用钢　第1部分：热轧光圆钢筋》GB/T 1499.1-2017	拉伸取样2个，弯曲取样2个；超过60 t时，每增加40 t（或不足40 t的余数），增加1个拉伸试验试样和1个弯曲试验试样；重量偏差数量5个，长度不小于500 mm	《钢筋混凝土用钢　第一部分：热轧光圆钢筋》GB/T 1499.1-2017	重量偏差不合格不准许复验

（续表）

序号	产品名称	检测项目（参数）	组批规则及取样方法	相关规范、规程（取样依据）	取样方法及数量	检测标准	备注
2	热轧带肋钢筋	表面、尺寸偏差、化学成分、金相组织、疲劳性能、晶粒度、连接性能、下屈服强度、抗拉强度、断后伸长率、最大力总延伸率、强屈比、屈标比、弯曲性能、反向弯曲试验、重量偏差	每批由同一牌号、同一炉罐号、同一尺寸的钢筋组成。每批重量通常≤60 t。允许由同一牌号、同一冶炼方法、同一浇注方法的不同炉罐号组成混合批。各炉罐号含碳量之差≤0.02%，含锰量之差≤0.15%。混合批的重量≤60 t。 取样方法：不同根（盘）钢筋切取	《钢筋混凝土用钢 第2部分：热轧带肋钢筋》GB/T 1499.2-2018	拉伸取样2个，弯曲取样2个；超过60 t时，每增加40 t（或不足40 t的余数），增加1个拉伸试验试样和1个弯曲试验试样；反向弯曲试验试样1个，重量偏差数量5个，长度不小于500 mm	《钢筋混凝土用钢 第2部分：热轧带肋钢筋》GB/T 1499.2-2018 《钢筋混凝土用钢材试验方法》GB/T 28900-2012	强屈比、屈标比、最大力总延伸率用于抗震钢筋，反向弯曲可代替弯曲性能
3	冷轧带肋钢筋	表面、尺寸偏差、抗拉强度、规定塑性延伸强度、强屈比 Rm/Rp 0.2、断后伸长率、最大力总延伸率、弯曲试验、反复弯曲、应力松弛实验、重量偏差	每批应由同一牌号、同一外形、同一规格、同一生产工艺和同一交货状态的钢筋组成，每批不大于60 t	《冷轧带肋钢筋》GB/T 13788-2017	拉伸试验每盘1个，弯曲试验每批2个，反复弯曲试验每批2个，应力松弛试验定期1个。 重量偏差数量不小于5个	《冷轧带肋钢筋》GB/T 13788-2017 《钢筋混凝土用钢材试验方法》GB/T 28900-2012 《预应力混凝土用钢材试验方法》GB/T 21839-2019	反复弯曲、应力松弛实验仅用于预应力混凝土时检测
4	调直钢筋	断后伸长率和重量偏差检验	同一设备加工的同一牌号、同一规格的调直钢筋，重量不大于30 t为一批	《混凝土结构工程施工质量验收规范》GB 50204-2015	对3个试件先进行重量偏差检验，再取其中2个试件进行力学性能检验	《混凝土结构工程施工质量验收规范》GB 50204-2015	无延伸的调直可不检验本项

（续表）

序号	产品名称	检测项目（参数）	组批规则及取样方法	相关规范、规程（取样依据）	取样方法及数量	检测标准	备注
5	成型钢筋	屈服强度、抗拉强度、伸长率和重量偏差检验	同一厂家、同一类型、同一钢筋来源的成型钢筋不超过 30 t 为一批	《混凝土结构工程施工质量验收规范》GB 50204-2015	每种钢筋牌号、规格均应至少抽取 1 个钢筋试件，总数不应少于 3 个； 对由热轧钢筋制成的成型钢筋，当有施工单位或监理单位的代表驻厂监督生产过程，并提供原材钢筋力学性能第三方检验报告时，可仅进行重量偏差检验	《混凝土结构成型钢筋应用技术规程》JGJ 366-2015 《金属材料拉伸试验 第 1 部分：室温试验方法》GB/T 228.1-2010	/
6	机械连接	极限抗拉强度、残余变形（工艺检验）、最大力下总伸长率、高应力反复拉压性能、大变形条件下反复拉压性能	同钢筋生产厂、同强度等级、同规格、同类型和同型式接头以 500 个为一个验收批，不足 500 个也为一个验收批；同一接头类型、同型式、同等级、同规格的现场检验连续 10 个验收批抽样试件抗拉强度试验一次合格率为 100%时，验收批接头数量可扩大为 1 000 个；当验收批接头数量少于 200 个时，可按规程 7.0.7 或 7.0.8 条相同的抽样要求随机抽取 2 个试件做极限抗拉强度。 对有效认证的接头产品，验收批数量可扩大至 1 000 个；当现场抽检连续 10 个验收批抽样试件极限抗拉强度检验一次合格率为 100%时，验收批接头数量可扩大为 1 500个	《钢筋机械连接技术规程》JGJ 107-2016	随机截取 3 个接头试件做极限抗拉强度试验。 其中对封闭环形钢筋接头、钢筋笼接头、地下连续墙预埋套筒接头、不锈钢钢筋接头、装配式结构构件间的钢筋接头和有疲劳性能要求的接头，可见证取样，在已加工并检验合格的钢筋丝头成品中随机割取钢筋试件，按规范要求与随机抽取的进场套筒组装成 3 个接头试件做极限抗拉强度试验	《钢筋机械连接技术规程》JGJ 107-2016	需先做工艺检验合格后进行现场抽样。更换钢筋生产厂或接头技术提供单位时，应补充工艺检验

（续表）

序号	产品名称	检测项目（参数）	组批规则及取样方法	相关规范、规程（取样依据）	取样方法及数量	检测标准	备注
7	钢筋焊接（闪光对焊、气压焊）	抗拉强度、弯曲试验	在同一台班内，由同一个焊工完成的300个同牌号、同直径接头作为一批。当同一台班内接头数量较少，可在一周之内累计计算；累计仍不足300个接头时，应按一批计算	《钢筋焊接及验收规程》JGJ 18-2012	①力学性能检验时，应从每批接头中随机切取6个接头，其中3个做拉伸试验，3个做弯曲试验； ②异径接头可只做拉伸试验	《钢筋焊接接头试验方法标准》JGJ/T 27-2014	先做焊接工艺试验
8	箍筋闪光对焊接头	抗拉强度	同一台班内，由同一焊工完成的600个同牌号、同直径接头作为一个检验批；如超出600个接头，其超出部分可以与下一台班完成接头累计计算	《钢筋焊接及验收规程》JGJ 18-2012	每个检验批中应随机切取3个对焊接头做拉伸试验	《钢筋焊接接头试验方法标准》JGJ/T 27-2014	
9	钢筋焊接接头（电弧焊、电渣压力焊、预埋件钢筋T形接头）	抗拉强度	以300个同牌号钢筋、同形式接头作为一批；在房屋结构中，应在不超过连续二楼层中300个同牌号钢筋、同形式接头作为一批	《钢筋焊接及验收规程》JGJ 18-2012	①混凝土结构中每批随机取3个接头； ②装配式结构中，可按生产条件制作模拟试件，每批3个，做拉伸试验； ③同一批中若有3种不同直径的钢筋焊接接头，应在最大直径钢筋接头和最小直径钢筋接头中分别切取3个试件进行拉伸试验	《钢筋焊接接头试验方法标准》JGJ/T 27-2014	

第三节 预应力分项工程

一、概述

预应力筋是预应力分项工程中最重要的原材料，进场时应根据进场批次和产品的抽样检验方案确定检验批，进行抽样检验。由于各厂家提供的预应力筋产品合格证内容与格式不尽相同，为统一及明确有关内容，要求厂家除了提供产品合格证外，还应提供反映预应力筋主要性能的出厂检验报告，两者也可合并提供。

预应力筋张拉后处于高应力状态，对腐蚀非常敏感，所以应尽早对孔道进行灌浆。灌浆是对预应力筋的永久保护措施，要求孔道内水泥浆饱满、密实，完全握裹住预应力筋。

二、检测项目及相关标准规范

序号	产品名称	检测项目(参数)	组批规则及取样方法	相关规范、规程(取样依据)	取样方法及数量	检测标准	备注
1	灌浆用水泥浆	抗压强度	灌浆施工时，应以每50 t为一个留样检验批，不足50 t时应按一个检验批计	《混凝土结构工程施工质量验收规范》GB 50204-2015 《水泥基灌浆材料应用技术规范》GB/T 50448-2015	每组应留取6个边长为70.7 mm的立方体试件，并应标准养护28 d	《建筑砂浆基本性能试验方法标准》JGJ/T 70-2009	/
		3 h自由泌水率、氯离子含量、24 h自由膨胀率	每200 t为一个检验批，不足200 t时应按一个检验批计	《混凝土结构工程施工质量验收规范》GB 50204-2015	取样应有代表性，总量不得少于30 kg	《水泥基灌浆材料应用技术规范》GB/T 50448-2015	/
2	预应力混凝土用螺纹钢筋	抗拉强度、伸长率、松弛、疲劳、非金属夹杂物、表面、重量偏差	/	《混凝土结构工程施工质量验收规范》GB 50204-2015	对每批重量大于60 t的钢筋，取2个拉伸试样；超过60 t的部分，每增加40 t，增加1个拉伸试样	《钢筋混凝土用钢材试验方法》GB/T 28900-2012 《预应力混凝土用螺纹钢筋》GB/T 20065-2016	/

(续表)

序号	产品名称	检测项目(参数)	组批规则及取样方法	相关规范、规程(取样依据)	取样方法及数量	检测标准	备注
3	预应力混凝土用钢绞线	抗拉强度、最大力总伸长率、0.2%屈服力、整根钢绞线最大力、整根钢绞线最大力的最大值、应力松弛性能、弹性模量、表面质量、伸直性、轴向疲劳性能、应力腐蚀、偏斜拉伸系数	每批钢绞线由同一牌号、同一规格、同一生产工艺捻制的钢绞线组成，每批重量不大于60 t	《混凝土结构工程施工质量验收规范》GB 50204-2015	应力松弛性能不少于1根/每合同批;其他3根/每批	《预应力混凝土用钢材试验方法》GB/T 21839-2019 《预应力混凝土用钢绞线》GB/T 5224-2014	/
4	预应力混凝土用钢丝	抗拉强度、最大力总伸长率、重量偏差、0.2%屈服力、最大力、最大力的最大值、每210 mm扭矩的扭转次数、断面收缩率、反复弯曲性能、弯曲、弹性模量、墩头强度、氢脆敏感性能、断面收缩率、应力松弛性能、表面质量、伸直性	每批钢丝由同一牌号、同一规格、同一加工状态的钢丝组成，每批重量不大于60 t	《混凝土结构工程施工质量验收规范》GB 50204-2015	氢脆敏感性不少于9根/每合同批;应力松弛性能不少于1根/每合同批;其他3根/每批	《预应力混凝土用钢材试验方法》GB/T 21839-2019 《预应力混凝土用钢丝》GB/T 5223-2014	/
5	无粘结预应力钢绞线	钢绞线:表面质量、公称直径、整股钢绞线最大力、最大力总伸长率、0.2%屈服力、伸直性; 防腐润滑脂:工作锥入度、滴点、腐蚀、盐雾试验、相容性、防腐润滑脂含量; 护套:厚度、拉伸屈服应力、拉伸断裂标称应变、摩擦系数	每批产品由同一公称抗拉强度、同一公称直径、同一生产工艺生产的无粘结预应力钢绞线组成，每批重量不大于60 t	《混凝土结构工程施工质量验收规范》GB 50204-2015	钢绞线公称直径、力学性能和伸直性:3件/批; 防腐润滑脂含量和护套厚度:3件/批; 护套拉伸性能:3件/批	《预应力混凝土用钢材试验方法》GB/T 21839-2019 《无粘结预应力钢绞线》JG161-2016	/

（续表）

序号	产品名称	检测项目(参数)	组批规则及取样方法	相关规范、规程(取样依据)	取样方法及数量	检测标准	备注
6	预应力筋用锚具	外观、尺寸、硬度、静载锚固性能、疲劳性能、锚固区传力性能、低温锚固性能、锚板强度、内缩量、锚口摩阻损失、张拉锚固工艺	每个检验批的锚具不宜超过 2 000 套	《预应力筋用锚具、夹具和连接器应用技术规程》JGJ 85-2010 《预应力筋用锚具、夹具和连接器》GB/T 14370-2015	外观检查：从每批产品中抽取 2%且不应少于 10 套样品； 硬度检验：从每批产品中抽取 3%且不应少于 5 套样品（多孔夹片式锚具的夹片，每套应抽取 6 片）进行检验； 静载锚固性能试验：应在外观检查和硬度检验均合格的锚具中抽取样品，与相应规格和强度等级的预应力筋组装成 3 个预应力筋-锚具组装件； 锚固区传力性能：每组锚具应进行 3 个相同试件的锚固区传力性能检验	《预应力筋用锚具、夹具和连接器》GB/T 14370-2015	锚具、夹具和连接器用量不足检验批规定数量的 50%，如供应商提供有效的检验报告时，可不做静载锚固性能试验
7	预应力筋用夹具和连接器	外观、尺寸、硬度、静载锚固性能	每个检验批的连接器不宜超过 500 套，每个检验批的夹具不宜超过 500 套	《预应力筋用锚具、夹具和连接器应用技术规程》JGJ 85-2010 《预应力筋用锚具、夹具和连接器》GB/T 14370-2015	外观检查：从每批产品中抽取 2%且不应少于 10 套样品； 硬度检验：从每批产品中抽取 3%且不应少于 5 套样品进行检验； 静载锚固性能试验：应在外观检查和硬度检验均合格的锚具中抽取样品，与相应规格和强度等级的预应力筋组装成 3 个组装件	《预应力筋用锚具、夹具和连接器》GB/T 14370-2015	

第四节　混凝土分项工程

一、概述

混凝土分项工程是包括原材料进场检测、混凝土制备、混凝土现场施工等一系列技术工作和完成实体的总称。为了改善混凝土性能并实现节能减排，目前多数混凝土中均掺有外加剂和矿物掺合料。

混凝土外加剂种类较多，且均有国家现行相关的质量标准，使用时，混凝土外加剂的质量不仅要符合相关国家标准的规定，也应符合相关行业标准的规定。外加剂的检验项目、检验方法和批量应符合相关标准的规定。质量证明文件包括产品合格证、有效的型式检验报告、出厂检验报告。

混凝土用矿物掺合料的种类主要有粉煤灰、粒化高炉矿渣粉、石灰石粉、硅灰、磷渣粉、钢铁渣粉和复合矿物掺合料等，对各种矿物掺合料，均应符合相应的标准要求。质量证明文件包括产品合格证、有效的型式检验报告、出厂检验报告等。

二、检测项目及相关标准规范

序号	产品名称	检测项目（参数）	组批规则及取样方法	相关规范、规程（取样依据）	取样方法及数量	检测标准	备注
1	混凝土	抗压强度（标准养护）	①每 100 盘，但不超过 100 m^3 的同配合比混凝土，取样次数不应少于一次； ②每一工作班拌制的同配合比混凝土，不足 100 盘和 100 m^3 时其取样次数不应少于一次； ③当一次连续浇筑的同配合比混凝土超过 1 000 m^3 时，每 200 m^3 取样不应少于一次； ④对房屋建筑，每一楼层、同一配合比的混凝土，取样不应少于一次； ⑤人防工程：口部、防护密闭段应各制作 1 组试块	《混凝土结构工程施工质量验收规范》GB 50204-2015 《人民防空工程施工及验收规范》GB 50134-2004	每次留取一组，每组 3 个试块	《混凝土物理力学性能试验方法标准》GB/T 50081-2019	/
		抗压强度（同条件养护）	同一强度等级的同条件养护试件不宜少于 10 组，且不应少于 3 组。每连续两层楼取样不应少于 1 组；每 2 000 m^3 取样不得少于一组	《混凝土结构工程施工质量验收规范》GB 50204-2015	每组 3 个试块	《混凝土物理力学性能试验方法标准》GB/T 50081-2019	/

（续表）

序号	产品名称	检测项目（参数）	组批规则及取样方法	相关规范、规程（取样依据）	取样方法及数量	检测标准	备注
2	水泥	强度、安定性、凝结时间、细度、不溶物、烧失量、三氧化硫、氧化镁、氯离子、碱含量	按同一厂家、同一品种、同一代号、同一强度等级、同一批号且连续进场的水泥，袋装不超过200 t为一批，散装不超过500 t为一批	《混凝土结构工程施工质量验收规范》GB 50204-2015	每个试验项目：20 kg（分装两袋，每袋10 kg）	《通用硅酸盐水泥》GB 175-2007	/
3	混凝土外加剂，含高性能减水剂（早强型、标准型、缓凝型）、高效减水剂（标准型、缓凝型）、普通减水剂（早强型、标准型、缓凝型）、引气减水剂、泵送剂、早强剂、缓凝剂及引气剂共八类混凝土外加剂	抗压强度比、收缩率比、减水率、泌水率、含气量、凝结时间之差、1 h经时变化量、氯离子含量、总碱量、含固量、含水率、密度、pH、细度、硫酸钠含量	掺量大于1%（含1%）同品种的外加剂每一批号为100 t，掺量小于1%的外加剂每一批号为50 t。不足100 t或50 t的也应按一个批量计，同一批号的产品必须混合均匀	《混凝土结构工程施工质量验收规范》GB 50204-2015	每一批号取样量不少于0.2 t水泥所需用的外加剂量	《混凝土外加剂》GB 8076-2008	/
4	混凝土普通减水剂	pH、密度（或细度）、含固量（或含水率）、减水率，早强型还应检验1 d抗压强度比，缓凝型还应检验凝结时间差	按每50 t为一检验批，不足50 t时也应按一个检验批计	《混凝土外加剂应用技术规范》GB 50119-2013	每一检验批取样量不应少于0.2 t胶凝材料所需用的减水剂量	《混凝土外加剂应用技术规范》GB 50119-2013	/
5	混凝土高效减水剂	pH、密度（或细度）、含固量（或含水率）、减水率，缓凝型还应检验凝结时间差	按每50 t为一检验批，不足50 t时也应按一个检验批计	《混凝土外加剂应用技术规范》GB 50119-2013	每一检验批取样量不应少于0.2 t胶凝材料所需用的外加剂量	《混凝土外加剂应用技术规范》GB 50119-2013	/

（续表）

序号	产品名称	检测项目（参数）	组批规则及取样方法	相关规范、规程（取样依据）	取样方法及数量	检测标准	备注
6	混凝土聚羧酸系高性能减水剂	pH、密度（或细度）、含固量（或含水率）、减水率，早强型还应检验1 d抗压强度比，缓凝型还应检验凝结时间差	按每50 t为一检验批，不足50 t时也应按一个检验批计	《混凝土外加剂应用技术规范》GB 50119-2013	每一检验批取样量不应少于0.2 t胶凝材料所需用的外加剂量	《混凝土外加剂应用技术规范》GB 50119-2013	/
7	混凝土引气剂及引气减水剂	pH、密度（或细度）、含固量（或含水率）、含气量、含气量经时损失，引气减水剂还应检测减水率	引气剂按每10 t为一检验批，不足10 t时也应按一个检验批计；引气减水剂按每50 t为一检验批，不足50 t时也应按一个检验批计	《混凝土外加剂应用技术规范》GB 50119-2013	每一检验批取样量不应少于0.2 t胶凝材料所需用的外加剂量	《混凝土外加剂应用技术规范》GB 50119-2013	/
8	混凝土早强剂	密度（或细度）、含固量（或含水率）、碱含量、氯离子含量和1 d抗压强度比	按每50 t为一检验批，不足50 t时也应按一个检验批计	《混凝土外加剂应用技术规范》GB 50119-2013	每一检验批取样量不应少于0.2 t胶凝材料所需用的外加剂量	《混凝土外加剂应用技术规范》GB 50119-2013	/
9	混凝土缓凝剂	密度（或细度）、含固量（或含水率）、混凝土凝结时间差	按每20 t为一检验批，不足20 t时也应按一个检验批计	《混凝土外加剂应用技术规范》GB 50119-2013	每一检验批取样量不应少于0.2 t胶凝材料所需用的外加剂量	《混凝土外加剂应用技术规范》GB 50119-2013	/
10	混凝土泵送剂	pH、密度（或细度）、含固量（或含水率）、减水率和坍落度1 h经时变化值	按每50 t为一检验批，不足50 t时也应按一个检验批计	《混凝土外加剂应用技术规范》GB 50119-2013	每一检验批取样量不应少于0.2 t胶凝材料所需用的外加剂量	《混凝土外加剂应用技术规范》GB 50119-2013	/

（续表）

序号	产品名称	检测项目（参数）	组批规则及取样方法	相关规范、规程（取样依据）	取样方法及数量	检测标准	备注
11	混凝土防冻剂	氯离子含量、密度（或细度）、固体含量（或含水率）、碱含量、水泥净浆流动度	按每 100 t 为一检验批，不足 100 t 时也应按一个检验批计	《混凝土防冻剂》JC/T 475-2004	每一检验批取样量不应少于 0.2 t 胶凝材料所需用的外加剂量	《混凝土防冻剂》JC/T 475-2004	/
		氯离子含量、密度（或细度）、含固量（或含水率）、碱含量和含气量，复合型还应检减水率		《混凝土外加剂应用技术规范》GB 50119-2013	每一检验批取样量不应少于 0.2 t 胶凝材料所需用的外加剂量		
12	混凝土速凝剂	密度、氯离子含量、总碱量、pH、细度、含水率、含固量、净浆凝结时间、砂浆强度	每 20 t 为一检验批，不足 20 t 时也应按一个检验批计	《喷射混凝土用速凝剂》JC/T 477-2005	总量不少于 4 000 g，分为两等份，其中一份用作试验。另一份密封保存 5 个月	《喷射混凝土用速凝剂》JC/T 477-2005	/
		密度、pH、含水率、细度（80 μm方孔筛筛余）、含固量、稳定性（上清液或底部沉淀物体积）、氯离子含量、碱含量、净浆凝结时间、砂浆强度	每 50 t 为一检验批，不足 50 t 时也应按一个检验批计	《喷射混凝土用速凝剂》GB/T 35159-2017	每一批号取样量不少于 4 kg，分为两等分，其中一份进行试验。另一份为封存样，密封保存至有效期	《喷射混凝土用速凝剂》GB/T 35159-2017	
		密度（或细度）、水泥净浆初凝和终凝时间		《混凝土外加剂应用技术规范》GB 50119-2013	不应少于 0.2 t 胶凝材料所需用的外加剂量	/	/
13	混凝土膨胀剂	限制膨胀率、抗压强度、细度、氧化镁、碱含量、凝结时间	按每 200 t 为一检验批，不足 200 t 时也应按一个检验批计	《混凝土外加剂应用技术规范》GB 50119-2013	每一检验批取样量不应少于 10 kg，分为两等份	《混凝土膨胀剂》GB 23439-2017	/

（续表）

序号	产品名称	检测项目（参数）	组批规则及取样方法	相关规范、规程（取样依据）	取样方法及数量	检测标准	备注
14	混凝土防水剂	密度、固体含量、含水率、氯离子含量、总碱量、细度	年产≥500 t 的 50 t 为一批，年产＜500 t 的 30 t 一批。不足 50 t 或 30 t 的也应照一个批量计	《混凝土外加剂应用技术规范》GB 50119-2013	每一检验批取样量不应少于 0.2 t 水泥所需用的外加剂量	《砂浆、混凝土防水剂》JC474-2008	/
15	混凝土阻锈剂	pH、密度（或细度）、含固量（或含水率）	按每 50 t 为一检验批，不足 50 t 时也按一个检验批计	《混凝土外加剂应用技术规范》GB 50119-2013	每一检验批取样量不应少于 0.2 t 胶凝材料所需用的外加剂量	《钢筋阻锈剂应用技术规程》JGJ/T 192-2009	/
16	粉煤灰	细度（45 μm 方孔筛筛余）、需水量比、强度活性指数、含水量、安定性、三氧化硫、密度、烧失量、游离氧化钙、二氧化硅、三氧化二铝和三氧化二铁总质量分数	不超过 500 t 为一个编号，每一个编号为一取样单位	《用于水泥和混凝土中的粉煤灰》GB/T 1596-2017 《混凝土结构工程施工质量验收规范》GB 50204-2015	取样应有代表性，可连续取，也可从 10 个以上不同部位取等量样品，总量至少 3 kg	《用于水泥和混凝土中的粉煤灰》GB/T 1596-2017	/
		细度、需水量比、烧失量、含水量、三氧化硫、游离氧化钙、氯离子含量	同一厂家相同级别连续供应 200 吨/批，不足 200 t 按一批计	《矿物掺合料应用技术规范》GB/T 51003-2014 《混凝土结构工程施工质量验收规范》GB 50204-2015	散装：从每批连续购进的任意 3 个罐体各取等量试样一份，每份不少于 5.0 kg 袋装：从每批中任抽 10 袋，从每袋中各取等量试样一份，每份不少于 1.0 kg	《矿物掺合料应用技术规范》GB/T 51003-2014	

（续表）

序号	产品名称	检测项目（参数）	组批规则及取样方法	相关规范、规程（取样依据）	取样方法及数量	检测标准	备注
17	粒化高炉矿渣粉	密度、比表面积、活性指数、流动度比、初凝时间比、含水量、三氧化硫、氯离子、烧失量、不溶物、玻璃体含量、放射性	60×10^4 t 以上，不超 2 000 t 为一批号；$30\times10^4\sim60\times10^4$ t，不超 1 000 t 为一批号；$10\times10^4\sim30\times10^4$ t，不超 600 t 为一批号；10×10^4 t 以下，不超 200 t 为一批号	《用于水泥、砂浆和混凝土中的粒化高炉矿渣粉》GB/T 18046-2017 《混凝土结构工程施工质量验收规范》GB 50204-2015	取样应有代表性，可连续取，也可从 20 个以上不同部位取等量样品，总量至少 20 kg，混合后用四分法进行缩分至 5 kg 供检测用	《用于水泥、砂浆和混凝土中的粒化高炉矿渣粉》GB/T 18046-2017	/
		密度、比表面积、活性指数、动度比、含水量、三氧化硫、氯离子含量、烧失量、玻璃体含量	同一厂家相同级别连续供应 500 吨/批，不足 500 t 按一批计	《矿物掺合料应用技术规范》GB/T 51003-2014 《混凝土结构工程施工质量验收规范》GB 50204-2015	散装：应从每批连续购进的任意 3 个罐体各取等量试样一份，每份不少于 5.0 kg 袋装：从每批中任抽 10 袋，从每袋中各取等量试样一份，每份不少于 1.0 kg	《矿物掺合料应用技术规范》GB/T 51003-2014	
18	石灰石粉	亚甲蓝（MB 值）、45 μm 方孔筛筛余、流动度比、碳酸钙含量、抗压强度比、含水量、总有机碳含量（TOC）、碱含量	每 200 t 为一批	《混凝土结构工程施工质量验收规范》GB 50204-2015	应有代表性，可连续取，也可从 20 个以上不同部位取等量样品，总量至少 12 kg，样品混合均匀，缩分出 3 kg 供检测用	《用于水泥、砂浆和混凝土中的石灰石粉》GB/T 35164-2017	/
		碳酸钙含量、细度（45 μm 方孔筛筛余）、活性指数、流动度比、含水量、亚甲蓝值	同一厂家相同级别连续供应 200 吨/批，不足 200 t 按一批	《矿物掺合料应用技术规范》GB/T 51003-2014	散装：应从每批连续购进的任意 3 个罐体各取等量试样一份，每份不少于 5.0 kg 袋装：从每批中任抽 10 袋，从每袋中各取等量试样一份，每份不少于 1.0 kg	《矿物掺合料应用技术规范》GB/T 51003-2014	
		碳酸钙含量、细度（45 μm 方孔筛筛余）、活性指数、流动度比、含水量、亚甲蓝值	每 200 t 为一个检验批，每一批次的石灰石粉应来自同一厂家，同一矿源；不足 200 t 应作为一个检验批	《石灰石粉在混凝土中应用技术规程》JGJ/T 318-2014	/	《石灰石粉在混凝土中应用技术规程》JGJ/T 318-2014	

（续表）

序号	产品名称	检测项目（参数）	组批规则及取样方法	相关规范、规程（取样依据）	取样方法及数量	检测标准	备注
19	粒化电炉磷渣粉	比表面积、活性指数、流动度比、含水量、五氧化二磷含量、三氧化硫含量、烧失量、氯离子含量、安定性（沸煮法）	年产量超过 10×10^4 t 的，不超过 200 t 为一个编号，年产量在 10×10^4 t 以下的，不超过 100 t 为一编号	《混凝土用粒化电炉磷渣粉》JG/T 317-2011 《混凝土结构工程施工质量验收规范》GB 50204-2015	抽取的样品总质量不少于 10 kg，样品混合均匀	《混凝土用粒化电炉磷渣粉》JG/T 317-2011	/
		比表面积、活性指数、流动度比、密度、五氧化二磷含量、碱含量、三氧化硫含量、氯离子含量、烧失量、含水量、玻璃体含量	同一厂家相同级别连续供应 200 吨/批，不足 200 t 按一批	《矿物掺合料应用技术规范》GB/T 51003-2014 《混凝土结构工程施工质量验收规范》GB 50204-2015	散装：应从每批连续购进的任意 3 个罐体各取等量试样一份，每份不少于 5.0 kg 袋装：应从每批中任抽 10 袋，从每袋中各取等量试样一份，每份不少于 1.0 kg	《矿物掺合料应用技术规范》GB/T 51003-2014	
20	硅灰	固含量（液料）、总碱量、二氧化硅含量、氯含量、含水率（粉料）、烧失量、需水量比、比表面积（BET 法）、活性指数（7 d 快速法）、放射性、抑制碱骨料反应性、抗氯离子渗透性	以 30 t 相同种类的硅灰/硅灰浆为一个检验批，不足 30 t 计一个检验批	《砂浆和混凝土用硅灰》GB/T 27690-2011 《混凝土结构工程施工质量验收规范》GB 50204-2015	取样应有代表性，可连续取，也可从 10 个以上不同部位取等量样品，总量至少 5 kg	《砂浆和混凝土用硅灰》GB/T 27690-2011	/
		比表面积、28 d 活性指数、二氧化硅含量、含水量	同一厂家相同级别连续供应 30 吨/批，不足 30 t 按一批	《矿物掺合料应用技术规范》GB/T 51003-2014 《混凝土结构工程施工质量验收规范》GB 50204-2015	散装：应从每批连续购进的任意 3 个罐体各取等量试样一份，每份不少于 5.0 kg 袋装：应从每批中任抽 10 袋，从每袋中各取等量试样一份，每份不少于 1.0 kg	《矿物掺合料应用技术规范》GB/T 51003-2014	

（续表）

序号	产品名称	检测项目（参数）	组批规则及取样方法	相关规范、规程（取样依据）	取样方法及数量	检测标准	备注
21	钢铁渣粉	比表面积、密度、含水量、氯离子含量、三氧化硫含量、烧失量、活性指标、流动度比、沸煮安定性、压蒸安定性、放射性	120×10^4 t以上，不超3 000 t为一编号；$60\times10^4\sim120\times10^4$ t，不超1 500 t为一编号；$30\times10^4\sim60\times10^4$ t，不超800 t为一编号；$10\times10^4\sim30\times10^4$ t，不超400 t为一编号；10×10^4 t以下，不超200 t为一编号	《钢铁渣粉》GB/T 28293-2012 《混凝土结构工程施工质量验收规范》GB 50204-2015	取样应有代表性，可连续取，也可从20个以上不同部位取等量样品，总量至少20 kg，样品混合均匀	《钢铁渣粉》GB/T 28293-2012	/
		比表面积、密度、含水量、游离氧化钙含量、三氧化硫含量、碱度系数、活性指标、流动度比、安定性	同一厂家相同级别连续供应200吨/批，不足200 t按一批	《矿物掺合料应用技术规范》GB/T 51003-2014 《混凝土结构工程施工质量验收规范》GB 50204-2015	散装：应从每批连续购进的任意3个罐体各取等量试样一份，每份不少于5.0 kg 袋装：应从每批中任抽10袋，从每袋中各取等量试样一份，每份不少于1.0 kg	《矿物掺合料应用技术规范》GB/T 51003-2014	
22	复合矿物掺合料	细度（45 μm筛余）、活性指数、流动度比、含水量、胶砂抗压强度增长比、三氧化硫含量、安定性、氯离子含量、放射性	60×10^4 t以上，不超过2 000 t为一编号；$30\times10^4\sim60\times10^4$ t，不超过1 000 t为一编号；$10\times10^4\sim30\times10^4$ t，不超过600 t为一编号；10×10^4 t以下，不超过200 t为一编号	《混凝土用复合掺合料》JG/T 486-2015 《混凝土结构工程施工质量验收规范》GB 50204-2015	抽取的样品总质量不少于10 kg，样品混合均匀	《混凝土用复合掺合料》JG/T 486-2015	/
		细度、活性指数、流动度比、含水量、三氧化硫含量、烧失量、氯离子含量	同一厂家相同级别连续供应500吨/批，不足500 t按一批	《矿物掺合料应用技术规范》GB/T 51003-2014 《混凝土结构工程施工质量验收规范》GB 50204-2015	散装：应从每批连续购进的任意3个罐体各取等量试样一份，每份不少于5.0 kg 袋装：应从每批中任抽10袋，从每袋中各取等量试样一份，每份不少于1.0 kg	《矿物掺合料应用技术规范》GB/T 51003-2014	

（续表）

序号	产品名称	检测项目（参数）	组批规则及取样方法	相关规范、规程（取样依据）	取样方法及数量	检测标准	备注
23	粗骨料	颗粒级配、含泥量、泥块含量、表观密度、堆积密度、紧密密度、针片状颗粒含量、含水率、吸水率、坚固性、岩石的抗压强度、压碎指标值、硫化物及硫酸盐含量、碱活性试验	同一产地、同一规格，采用大型工具运输的，以 400 m^3 或 600 t 为一验收批；采用小型工具运输的，以 200 m^3 或 300 t 为一验收批。不足上述量的也为一验收批。当砂的质量比较稳定、进货量又较大时，可以 1 000 t 为一验收批	《普通混凝土用砂、石质量及检验方法标准》JGJ 52-2006	取样均匀，根据检测项目不同样品数量不同，不宜少于 100 kg	《普通混凝土用砂、石质量及检验方法标准》JGJ 52-2006	/
		颗粒级配、含泥量、泥块含量、针片状颗粒含量、有机物、硫化物及硫酸盐、坚固性、岩石抗压强度、压碎指标、表观密度、松散堆积密度与空隙率、吸水率、碱集料反应、含水率、堆积密度	按同分类、类别、公称粒级及日产量每 600 t 为一批，不足 600 t 亦为一批，日产量超过 2 000 t，按 1 000 t 为一批，不足 1 000 t 亦为一批。日产量超过 5 000 t，按 2 000 t 为一批	《建设用石》GB/T 14685-2011	取样均匀，根据检测项目不同样品数量不同，不宜少于 100 kg	《建设用石》GB/T 14685-2011	
24	细骨料	颗粒级配、细度模数、含泥量、泥块含量、表观密度、堆积密度、紧密密度、氯离子含量（海砂或有氯离子污染的砂）、贝壳含量（海砂）、石粉含量（人工砂及混合砂）、吸水率、含水率、人工砂压碎指标值、有机物含量、云母含量、轻物质含量、坚固性、硫酸盐及硫化物、碱活性	同一产地、同一规格，采用大型工具运输的，以 400 m^3 或 600 t 为一验收批；采用小型工具运输的，以 200 m^3 或 300 t 为一验收批。不足上述量的也为一验收批。当砂的质量比较稳定、进货量又较大时，可以 1 000 t 为一验收批	《普通混凝土用砂、石质量及检验方法标准》JGJ 52-2006	取样均匀，根据检测项目不同样品数量不同，不宜少于 50 kg	《普通混凝土用砂、石质量及检验方法标准》JGJ 52-2006 《海砂混凝土应用技术规范》JGJ 206-2010 《建设用砂》GB/T 14684-2011	/
		颗粒级配、含泥量、石粉含量（机制砂）、泥块含量、云母、轻物质、有机物、硫化物及硫酸盐、氯化物、贝壳（海砂）、坚固性、压碎指标（机制砂）、表观密度、松散堆积密度、空隙率、碱集料反应、含水率、饱和面干吸水率	按同分类、规格、类别及日产量每 600 t 为一批，不足 600 t 亦为一批，日产量超过 2 000 t，按 1 000 t 为一批，不足 1 000 t 亦为一批	《建设用砂》GB/T 14684-2011	取样均匀，根据检测项目不同样品数量不同，不宜少于 50 kg		

（续表）

序号	产品名称	检测项目（参数）	组批规则及取样方法	相关规范、规程（取样依据）	取样方法及数量	检测标准	备注
25	混凝土耐久性指标	抗渗性能	同一配合比，取样不少于1次	《普通混凝土长期性能和耐久性能试验方法标准》GB/T 50082-2009	每组试件6个试块	《普通混凝土长期性能和耐久性能试验方法标准》GB/T 50082-2009	/
		抗冻性能	同一配合比，取样不少于1次	《普通混凝土长期性能和耐久性能试验方法标准》GB/T 50082-2009	①慢冻法，抗冻等级D25～D50需3组试件；抗冻等级D100以上需5组试件，每组试件3块； ②快冻法，每组试件3块； ③单面冻融法，每组试件不少于5个，且总测试面积不少于0.08 m^2		
		抗氯离子	同一配合比，取样不少于1次	《普通混凝土长期性能和耐久性能试验方法标准》GB/T 50082-2009	快速氯离子迁移系数法或电通量法，每组试件3个试块		
		收缩	同一配合比，取样不少于1次	《普通混凝土长期性能和耐久性能试验方法标准》GB/T 50082-2009	非接触法或接触法，每组试件3个试块		
		早期抗裂	同一配合比，取样不少于1次	《普通混凝土长期性能和耐久性能试验方法标准》GB/T 50082-2009	每组试件至少2个试块		
		受压徐变	同一配合比，取样不少于1次	《普通混凝土长期性能和耐久性能试验方法标准》GB/T 50082-2009	每组抗压、收缩和徐变试件的数量宜各为3个，其中每个加荷龄期的每组徐变试件至少为2个		
		碳化、钢筋锈蚀、抗压疲劳变形、抗硫酸盐侵蚀、碱—骨料反应	同一配合比，取样不少于1次	《普通混凝土长期性能和耐久性能试验方法标准》GB/T 50082-2009	每组试件3个试块		

第五节 装配式混凝土结构分项工程

一、概述

装配式混凝土结构的预制构件种类主要包括预制外墙板、预制内墙板、预制柱、预制梁等。验收内容包括预制构件进场、预制构件特有的钢筋连接和构件连接等，主要包括预制件本身的质量检测和连接的质量检测。

考虑构件特点及加载检验条件，仅提出了梁板类简支受弯预制构件的结构性能检验要求；其他预制构件除设计有专门要求外，进场时可不做结构性能检验。

钢筋采用套筒灌浆连接时，连接接头的质量及传力性能是影响装配式结构受力性能的关键，应严格控制。灌浆饱满、密实是灌浆质量的基本要求。

二、检测项目及相关标准规范

序号	产品名称	检测项目（参数）	组批规则及取样方法	相关规范、规程（取样依据）	取样方法及数量	检测标准	备注
1	梁板类简支受弯预制构件	结构性能检验，钢筋混凝土构件和允许出现裂缝的预应力混凝土构件应进行承载力、挠度和裂缝宽度检验；不允许出现裂缝的预应力混凝土构件应进行承载力、挠度和抗裂检验。 对大型构件及有可靠应用经验的构件，可只进行裂缝宽度、抗裂和挠度检验。对使用数量较少的构件，当能提供可靠依据时，可不进行结构性能检验	同一钢种、同一混凝土强度等级、同一生产工艺和同一结构形式的预制构件不超过1 000个为一批	《混凝土结构工程施工质量验收规范》GB 50204-2015	每批随机抽取1个构件进行结构性能检验	《混凝土结构工程施工质量验收规范》GB 50204-2015	构件进场时检测

（续表）

序号	产品名称	检测项目（参数）	组批规则及取样方法	相关规范、规程（取样依据）	取样方法及数量	检测标准	备注
2	套筒灌浆连接	灌浆套筒抗拉强度	同一批号、类型、规格的灌浆套筒，不超过 1 000 个为一批	《钢筋套筒灌浆连接应用技术规程》JGJ 355-2015 《山东省装配整体式混凝土结构工程施工与质量验收规程》DB37/T 5019-2014	每批随机抽取 3 个灌浆套筒制作对中连接接头试件	《钢筋套筒灌浆连接应用技术规程》JGJ 355-2015	灌浆套筒进厂（场）时检测
		灌浆料抗压强度	/		每批灌浆套筒制作不少于 1 组 40 mm×40 mm×160 mm 的灌浆料试件	《钢筋连接用套筒灌浆料》JG/T 408-2019	
3	构件连接处后浇混凝土	抗压强度	①每拌制 100 盘且不超过 100 m^3时，取样不得少于一次； ②每工作班拌制不足 100 盘时，取样不得少于一次； ③连续浇筑超过 1 000 m^3 时，每 200 m^3 取样不得少于一次； ④每一楼层取样不得少于一次	《混凝土结构工程施工质量验收规范》GB 50204-2015 《山东省装配整体式混凝土结构工程施工与质量验收规程》DB37/T 5019-2014	每次留取一组，每组 3 个试块	《混凝土物理力学性能试验方法标准》GB/T 50081-2019	浇筑混凝土时留取
4	套筒灌浆材料	30 min 流动度、泌水率、3 d 抗压强度、28 d 抗压强度、3 h 竖向膨胀率、24 h 与 3 h 竖向膨胀率差值	同一成分、同一批号的灌浆料，不超过 50 t 为一批	《山东省装配整体式混凝土结构工程施工与质量验收规程》DB37/T 5019-2014 《钢筋套筒灌浆连接应用技术规程》JGJ 355-2015	取样应有代表性，可从多个部位取等量样品，样品总量不应少于 30 kg	《钢筋连接用套筒灌浆料》JG/T 408-2019	灌浆料进场时检测
5	套筒、浆锚搭接灌浆料（现场留置）	28 d 抗压强度	每工作班取样不得少于 1 次，每楼层取样不得少于 3 次	《山东省装配整体式混凝土结构工程施工与质量验收规程》DB37/T 5019-2014 《钢筋套筒灌浆连接应用技术规程》JGJ 355-2015	每次抽取 1 组 40 mm×40 mm×160 mm 的试件，标准养护 28 d 后进行抗压强度试验	《钢筋连接用套筒灌浆料》JG/T 408-2019	施工中留取

（续表）

序号	产品名称	检测项目（参数）	组批规则及取样方法	相关规范、规程（取样依据）	取样方法及数量	检测标准	备注
6	水泥基灌浆料	最大骨料粒径、截锥流动度、流锥流动度、竖向膨胀率、抗压强度、氯离子含量、泌水率	每 200 t 为一个检验批，不足 200 t 按一个检验批，每一检验批应为一个取样单位	《水泥基灌浆材料应用技术规范》GB/T 50448-2015	随机从不少于 20 袋中抽取，总量不少于 30 kg	《水泥基灌浆材料应用技术规范》GB/T 50448-2015	/
7	浆锚搭接灌浆材料	最大骨料粒径、截锥流动度、流锥流动度、竖向膨胀率、抗压强度、氯离子含量、泌水率	每 200 t 为一个检验批，不足 200 t 按一个检验批，每一检验批应为一个取样单位	《水泥基灌浆材料应用技术规范》GB/T 50448-2015	随机从不少于 20 袋中抽取，总量不少于 30 kg	《水泥基灌浆材料应用技术规范》GB/T 50448-2015	/
8	预制构件底部接缝座浆	28 d 抗压强度	每层为一检验批	《装配式混凝土建筑技术标准》GB/T 51231-2016	每工作班同一配合比应制作 1 组且每层不应少于 3 组边长为 70.7 mm 的立方体试件	《建筑砂浆基本性能试验方法标准》JGJ/T 70-2009	施工中留取
9	套筒灌浆饱满度	预埋传感器法、预埋钢丝拉拔法、X 射线成像法、冲击回波法	/	《装配式住宅建筑检测技术标准》JGJ/T 485-2019	①首层每类构件选择 20%且不少于 2 个构件进行检测，其他层每层每类构件选择 10%且不少于 1 个构件进行检测； ②对采用钢筋套筒灌浆连接的外墙板以及梁、柱构件，每个灌浆仓应检测其套筒总数的 30%且不少于 3 个套筒；采用单灌浆套筒的检测数量不应少于总数的 30%，且不宜少于 3 个； ③对采用钢筋套筒灌浆连接的内墙板，每个灌浆仓应检测其套筒总数的 10%且不少于 2 个套筒；采用单灌浆套筒的检测数量不应少于总数的 10%，且不宜少于 2 个	《装配式住宅建筑检测技术标准》JGJ/T 485-2019 《冲击回波法检测混凝土缺陷技术规程》JGJ/T 411-2017	/

（续表）

序号	产品名称	检测项目（参数）	组批规则及取样方法	相关规范、规程（取样依据）	取样方法及数量	检测标准	备注
9	套筒灌浆饱满度	预埋传感器法、预埋钢丝拉拔法、X射线成像法、钻孔内窥镜法	/	《装配式混凝土结构套筒灌浆质量检测技术规程》T/CECS683-2020	预埋传感器法、预埋钢丝拉拔法： ①检测总数不宜少于灌浆套筒总数的10％，装配首层检测数量不宜少于该层灌浆套筒总数的20％； ②装配首层的检测位置应覆盖所有套筒灌浆连接的预制构件； ③其他装配楼层的检测位置应覆盖所有采用套筒灌浆连接的预制构件类型，且每种预制构件类型至少应覆盖3个构件，当某种预制构件类型的构件数量少于3个构件时，应覆盖其全部构件。 钻孔内窥镜法、C射线成像法： 宜根据委托方要求并结合检测项目的特点、现场状况确定检测数量和检测位置	《装配式混凝土结构套筒灌浆质量检测技术规程》T/CECS683-2020	/
		预埋传感器法	/	《山东省装配整体式混凝土结构工程施工与质量验收规程》DB37/T 5019-2014	预埋传感器法：每层灌浆饱满度埋置数量不应少于套筒总数的5％，且不应少于10个	《山东省装配式混凝土结构现场检测技术标准》DB37/T 5106-2018	/
10	钢筋浆锚搭接	X射线成像法结合局部破损法、冲击回波法结合局部破损法	/	《装配式住宅建筑检测技术标准》JGJ/T 485-2019	/	《装配式住宅建筑检测技术标准》JGJ/T 485-2019	/

（续表）

序号	产品名称	检测项目（参数）	组批规则及取样方法	相关规范、规程（取样依据）	取样方法及数量	检测标准	备注
11	预制剪力墙底部接缝灌浆饱满度	超声法	/	《装配式住宅建筑检测技术标准》JGJ/T 485-2019	①首层装配式混凝土，不应少于剪力墙构件总数的20%，且不应少于2个； ②其他层不应少于剪力墙构件总数的10%，且不应少于1个	《混凝土结构现场检测技术标准》GB/T 50784-2013	/
12	现浇结合面缺陷检测	宜采用多探头阵列的超声断层扫描设备检测，也可采用冲击回波法、超声法	/	《装配式住宅建筑检测技术标准》JGJ/T 485-2019	对怀疑存在内部缺陷的构件或区域宜进行全数检测，当不具备全数检测条件时，可根据约定抽样原则选取重要的或外观缺陷严重的构件或部位进行检测。 每个构件上测点数不应少于9个	《混凝土结构现场检测技术标准》GB/T 50784-2013 《装配式住宅建筑检测技术标准》JGJ/T 485-2019	/
13	外墙板接缝水密性	淋水试验	/	《山东省装配式混凝土结构现场检测技术标准》DB37/T 5106-2018	根据检验批的容量，查标准中表确定最小检测数量	《山东省装配式混凝土结构现场检测技术标准》DB37/T 5106-2018	/
			每1 000 m^2外墙面积应划分为一个检验批，不足1 000 m^2也应划分为一个检验批	《装配式混凝土结构技术规程》JGJ 1-2014	每个检验批每100 m^2应至少抽查一处，每处不得少于10 m^2	《装配式混凝土结构技术规程》JGJ 1-2014	

注：对进场时受检的预制构件，当不做结构性能检测且施工单位或监理单位无代表驻厂监督生产过程时，应对其主要受力钢筋数量、钢筋间距、保护层厚度及混凝土强度等进行实体检测

第六节　混凝土结构实体

一、概述

对结构实体进行检验，并不是在子分部工程验收前的重新检验，而是在相应分项工程验收合格的基础上，对重要项目进行的验证性检验，其目的是强化混凝土结构的施工质量验收，真实地反映结构混凝土强度、受力钢筋位置、结构位置与尺寸等质量指标，确保结构安全。其主要的检测内容包括混凝土强度、钢筋保护层厚度、结构位置与尺寸偏差以及合同约定的项目；必要时可检验其他项目。

二、检测项目及相关标准规范

序号	产品名称	检测项目（参数）	组批规则及取样方法	相关规范、规程（取样依据）	取样方法及数量	检测标准	备注
1	混凝土强度	回弹法检测混凝土强度	随机抽样	《回弹法检测混凝土抗压强度技术规程》DB37/T 2366-2013	单构件检测：适用于单个结构或构件的检测。 批量检测：根据检验批的容量，查规范中表确定检测构件数量	《回弹法检测混凝土抗压强度技术规程》DB37/T 2366-2013	山东省标准与行业标准在检测方法、检测数量等方面稍有差异，检测单位可根据实际情况选用标准，在山东省内一般采用山东省标准进行检测
				《回弹法检测混凝土抗压强度技术规程》JGJ/T 23-2011	单构件检测：适用于单个结构或构件的检测。 批量检测：按批进行检测的构件抽检数量不得少于同批构件总数的 30%，且构件数量不得少于 10 件；当检验批构件数量大于 30 个时，抽样构件数量可适当调整，并不得少于国家现行有关标准规定的最少抽样数量	《回弹法检测混凝土抗压强度技术规程》JGJ/T 23-2011 《建筑结构检测技术标准》GB/T 50344-2019	
				《高强混凝土强度检测技术规程》JGJ/T 294-2013	单构件检测：适用于单个结构或构件。 批量检测：按批进行检测的构件抽样数量不宜少于同批构件的 30%，且不宜少于 10 件；当检验批中构件数量大于 50 时，构件抽样数量可按现行国家标准《建筑结构检测技术标准》进行调整	《高强混凝土强度检测技术规程》JGJ/T 294-2013 《建筑结构检测技术标准》GB/T 50344-2019	

（续表）

序号	产品名称	检测项目（参数）	组批规则及取样方法	相关规范、规程（取样依据）	取样方法及数量	检测标准	备注
1	混凝土强度	超声回弹法综合法检测混凝土强度	随机抽样	《超声回弹综合法检测混凝土抗压强度技术规程》DB37/T 2361-2013	单构件检测：适用于单个结构或构件的检测；当构件总数少于5个时，按单个构件检测。 批量检测：根据检验批的容量，按标准要求确定检测构件数量	《超声回弹综合法检测混凝土抗压强度技术规程》DB37/T 2361-2013	/
				《高强混凝土强度检测技术规程》JG/T 294-2013	对同批构件按按批抽样时，不宜少于同批构件的30%且不宜少于10件，当检验批中构件数量大于50时，可按GB/T 50344调整，但不宜少于10件	《高强混凝土强度检测技术规程》JG/T 294-2013 《建筑结构检测技术标准》GB/T 50344-2019	
		钻芯法检测混凝土强度	随机抽样	《钻芯法检测混凝土抗压强度技术规程》DB37/T 2368-2013	单构件检测：适用于单个结构或构件的检测。 批量检测：根据检验批的容量，查规范中表确定检测构件数量	《钻芯法检测混凝土抗压强度技术规程》DB37/T 2368-2013	/
				《钻芯法检测混凝土强度技术规程》JGJ/T 384-2016	单构件检测：芯样试件的数量不应少于3个；钻芯对构件工作性能影响较大的小尺寸构件，芯样试件的数量不得少于2个。 批量检测：构件抽样数量按现行国家标准《建筑结构检测技术标准》选取抽样数量	《钻芯法检测混凝土强度技术规程》JGJ/T 384-2016 《建筑结构检测技术标准》GB/T 50344-2019	
2	钢筋保护层厚度	钢筋保护层厚度	随机抽样	《混凝土结构工程施工质量验收规范》GB 50204-2015	①对非悬挑梁板类构件，应各抽取构件数量的2%且不少于5个构件； ②对悬挑梁，应抽取构件数量的5%且不少于10个构件；当悬挑梁数量少于10个时，应全数检验； ③对悬挑板，应抽取构件数量的10%且不少于20个构件；当悬挑板数量少于20个时，应全数检验	《混凝土结构工程施工质量验收规范》GB 50204-2015	/

（续表）

序号	产品名称	检测项目（参数）	组批规则及取样方法	相关规范、规程（取样依据）	取样方法及数量	检测标准	备注
3	钢筋数量、直径、间距	钢筋数量、直径、间距	随机抽样	《混凝土结构现场检测技术标准》GB/T 50784-2013	构件抽样数量按现行国家标准《混凝土结构现场检测技术标准》选取抽样数量	《混凝土结构现场检测技术标准》GB/T 50784-2013	/
4	结构实体位置及尺寸偏差	结构实体位置及尺寸偏差	随机抽样	《混凝土结构工程施工质量验收规范》GB 50204-2015	①梁、柱应抽取构件数量的 1%，且不应少于 3 个构件； ②墙、板应按有代表性的自然间抽取 1%，且不应少于 3 间； ③层高应按有代表性的自然间抽查 1%，且不应少于 3 间	《混凝土结构工程施工质量验收规范》GB 50204-2015	/

注：检验批指的是混凝土强度等级相同，原材料、配合比、成型工艺、养护条件基本一致且龄期相近的同种类构件构成的检测对象

第三章　砌体结构工程

第一节　砌体结构工程

一、概述

砌体结构为由块体和砂浆砌筑而成的墙、柱作为建筑物主要受力构件的结构，是砖砌体、砌块砌体和石砌体结构的统称。

二、检测项目及相关标准规范

序号	产品名称	检测项目（参数）	组批规则及取样方法	相关规范、规程（取样依据）	取样方法及数量	检测标准	备注
1	硅酸盐水泥	稠度、细度、凝结时间、安定性、强度、氯离子含量、氧化镁	同一厂家、同一品种、同一代号、同一强度等级、同一批号且连续进场的水泥，袋装不超过 200 t 为一批，散装不超过 500 t 为一批，每批抽样数量不应少于一次。取样方法：①散装水泥：所取水泥深度不超过 2 m 时，每一个编号内采用散装水泥取样器随机取样；②袋装水泥：每一个编号内，随机从不少于 20 袋中抽取	《砌体结构工程施工质量验收规范》GB 50203-2011《通用硅酸盐水泥》GB 175-2007	总量不少于 20 kg	《通用硅酸盐水泥》GB 175-2007《砌筑水泥》GB/T 3183-2017	对水泥质量有怀疑或水泥出厂超过 3 个月（快硬硅酸盐水泥为 1 个月）时，应复查试验，并按复验结果使用
2	普通硅酸盐水泥						
3	矿渣硅酸盐水泥						
4	火山灰质硅酸盐水泥						
5	粉煤灰硅酸盐水泥						
6	复合硅酸盐水泥						
7	砌筑水泥						

（续表）

序号	产品名称	检测项目（参数）	组批规则及取样方法	相关规范、规程（取样依据）	取样方法及数量	检测标准	备注
8	普通混凝土用砂	颗粒级配、表观密度、紧密密度、堆积密度、天然砂中含泥量、泥块含量、空隙率、氯离子含量、坚固性、云母含量、轻物质含量、硫化物及硫酸盐、压碎指标、有机物、贝壳含量、石粉含量、碱活性(快速法)、吸水率	按同产地、同规格分批验收，应以 400 m^3 或 600 t 为一验收批，不足上述量亦按一验收批进行验收。取样方法：取样部位应均匀分布	《混凝土结构工程施工质量验收规范》GB 50204-2015《砌体结构工程施工质量验收规范》GB 50203-2011	不宜少于 20 kg	《普通混凝土用砂、石质量及检验方法标准》JGJ 52-2006	/
9	建设用砂	级配、天然砂的含泥量、石粉含量、泥块含量、表观密度、松散堆积密度、空隙率、氯化物含量、坚固性、云母含量、轻物质含量、硫化物及硫酸盐含量(氯化钡沉淀法)、有机物含量		《混凝土结构工程施工质量验收规范》GB 50204-2015《砌体结构工程施工质量验收规范》GB 50203-2011		《建设用砂》GB/T 14684-2011	
10	砌筑砂浆	抗压强度	每一检验批且不超过250 m^3 砌体的各类、各强度等级的普通砌筑砂浆，每台搅拌机应至少抽检一次；验收批的预拌砂浆、蒸压加气混凝土砌块专用砂浆，抽检可为3组	《砌体工程施工质量验收规范》GB 50203-2011	取样方法：在搅拌机出料口或在湿拌砂浆的储存容器出料口随机取样制作砂浆试块。（现场拌制的砂浆，同盘砂浆只应作1组试块）每组3个	《建筑砂浆基本性能试验方法标准》JGJ/T 70-2009	/
11	干混砌筑砂浆	保水率、抗压强度、2 h 稠度损失率、凝结时间、表观密度	/	《预拌砂浆》GB/T 25181-2019	不低于 25 kg	《预拌砂浆》GB/T 25181-2019	/

（续表）

序号	产品名称	检测项目（参数）	组批规则及取样方法	相关规范、规程（取样依据）	取样方法及数量	检测标准	备注
12	水泥砂浆	抗压强度	①同一施工批次、同一配合比应按每一层（或检验批）建筑地面工程不少于1组。 ②当每一层（或检验批）建筑地面工程面积大于1 000 m^2 时，每增加1 000 m^2 应增做1组试块；小于1 000 m^2 按1 000 m^2 计算，取样1组。 ③检验同一施工批次、同一配合比的散水、明沟、踏步、台阶、坡道的试块，应按150延长米不少于1组	《砌体工程施工质量验收规范》GB 50203-2011	取样方法：在浇筑地点随机抽取。 每组3个	《建筑砂浆基本性能试验方法标准》JGJ/T 70-2009	/
13	聚合物砂浆	抗压强度	①同一工程每一楼层（或单层），每喷涂500 m^2（不足500 m^2，按500 m^2 计）砂浆面层所需的同一强度等级的砂浆，其取样次数应不少于一次；若搅拌机不止一台，应按台数分别确定每台取样次数。 ②每次取样应至少留置一组标准养护试块；与面层砂浆同条件养护的试块，其留置组数应根据实际需要确定	《建筑结构加固工程施工质量验收规范》GB 50550-2010	取样方法：在拌制砂浆的出料口随机取样制作。 每组3个	《建筑砂浆基本性能试验方法标准》JGJ/T 70-2009	/
14	砌筑砂浆增塑剂	密度、细度、含气量、凝结时间差、抗冻性、分层度、抗压强度比	掺量大于5%的，每200 t为一批；掺量小于5%大于1%的，每100 t为一批；掺量小于1%大于0.05%的，每50 t为一批；掺量小于0.05%的，每10 t为一批；不足一个批的应按一个批计	《砌体结构工程施工质量验收规范》GB 50203-2011	每一检验批取样量不宜少于500 g	《砌筑砂浆增塑剂》JG/T 164-2004	/
15	砂浆配合比	稠度、分层度、抗压强度	/	《砌筑砂浆配合比设计规程》JGJ/T 98-2010	水泥：约10 kg； 砂：约40 kg； 石膏：约5 kg	《砌筑砂浆配合比设计规程》JGJ/T 98-2010	/

第二节　块体结构工程

一、概述

块体是砌体所用各种砖、石、小砌块的总称。

小型砌块是块体主规格的高度大于115 mm而又小于380 mm的砌块，包括普通混凝土小型空心砌块、轻骨料混凝土小型空心砌块、蒸压加气混凝土砌块等。简称小砌块。

二、检测项目及相关标准规范

序号	产品名称	检测项目（参数）	组批规则及取样方法	相关规范、规程（取样依据）	取样方法及数量	检测标准	备注
1	烧结普通砖	尺寸偏差、外观质量、强度等级、密度等级、吸水率、相对含水率、冻融试验、放射性核素限量	每一生产厂家，烧结普通砖、混凝土实心砖每15万块，烧结多孔砖、混凝土多孔砖、蒸压灰砂砖每10万块各为一验收批，不足上述数量时按1批计，抽检数量为1组。 取样方法：在每一检验批的产品中随机抽取	《砌体结构工程施工质量验收规范》GB 50203-2011	尺寸偏差、外观：20块； 强度等级：10块； 密度等级：5块； 吸水率：5块； 相对含水率：3块； 冻融试验：10块； 放射性核素限量：3块	《烧结普通砖》GB/T 5101-2017 《烧结多孔砖和多孔砌块》GB/T 13544-2011 《烧结空心砖和空心砌块》GB/T 13545-2014	/
2	烧结多孔砖						
3	烧结空心砖、空心砌块						
4	石材（石砌体）	外观质量、强度等级	同一产地的同类石材抽检不应少于1组	《砌体结构工程施工质量验收规范》GB 50203-2011	边长为70 mm的立方体试块，每组3个	《砌体结构设计规范》GB 50003-2011	/
5	烧结复合自保温砖	传热系数或热阻、抗压强度、吸水率	同厂家、同品种产品，按照扣除门窗洞口后的保温墙面面积所使用的材料用量，在5 000 m^2以内时应复验1次；每增加5 000 m^2应增加抽查1次。 取样方法：检验批内随机抽样检验	《建筑节能工程施工质量验收标准》GB 50411-2019	数量：1组（砌筑一面2 m×2 m的墙作传热系数，外加50块作其他性能）	《烧结空心砖和空心砌块》GB/T 13545-2014	/

（续表）

序号	产品名称	检测项目（参数）	组批规则及取样方法	相关规范、规程（取样依据）	取样方法及数量	检测标准	备注
6	非烧结垃圾尾矿砖	强度等级、抗冻性、放射性核素限量、外观、尺寸偏差、吸水率	每 10 万块各为一验收批，不足上述数量时按 1 批计，抽检数量为 1 组。 取样方法：在每一检验批的产品中随机抽取	《砌体结构工程施工质量验收规范》GB 50203-2011 《山东省建筑工程（建筑与结构工程）施工资料管理规程》DB37/T 5072-2016	强度等级：20 块； 抗冻性：20 块； 放射性核素限量：3 块； 外观、尺寸偏差：50 块； 吸水率：3 块	《非烧结垃圾尾矿砖》JC/T 422-2007	/
7	粉煤灰砖					《蒸压粉煤灰砖》JC/T 239-2014	/
8	粉煤灰砂砖				每组 5 块	《蒸压灰砂实心砖和实心砌块》GB/T 11945-2019	/
9	蒸压灰砂空心砖				抽取 2 组 10 块（NF 砖 2 组 20 块）	《蒸压灰砂空心砖》JC/T 637-2009	/
10	蒸压加气混凝土砌块	外观质量、尺寸允许偏差、抗压强度、干密度、抗冻性、导热系数	同品种、同规格、同级别的砌块，以 30 000 块为一批，每天不足 30 000 块亦为一批，随机抽取 50 块进行尺寸允许偏差、外观质量检验；从尺寸允许偏差与外观质量检验合格的砌块中，随机抽取 6 块，每块制作 1 组试件，进行干密度 3 组和抗压强度 3 组项目		外观、尺寸偏差：50 块； 抗压强度：9 块； 干密度：9 块； 抗冻性：6 块； 导热系数：3 块	《蒸压加气混凝土砌块》GB/T 11968-2020	/
11	烧结自保温砖	传热系数或热阻、抗压强度、吸水率	同厂家、同品种产品，按照扣除门窗洞口后的保温墙面面积所使用的材料用量，在 5 000 m^2 以内时应复验 1 次；每增加 5 000 m^2 应增加抽查 1 次。 取样方法：检验批内随机抽样检验	《建筑节能工程施工质量验收标准》GB 50411-2019	数量：1 组（根据不同规格型号砌筑一面 2 m×2 m 的墙作传热系数，外加 50 块作其他性能检验）	《烧结空心砖和空心砌块》GB/T 13545-2014 《烧结多孔砖和多孔砌块》GB/T 13544-2011 《烧结保温砖和保温砌块》GB 26538-2011	/

（续表）

序号	产品名称	检测项目（参数）	组批规则及取样方法	相关规范、规程（取样依据）	取样方法及数量	检测标准	备注
12	普通混凝土小型空心砌块	外观质量、尺寸偏差、抗冻性、相对含水率、强度等级、放射性核素限量、空心率、外壁和肋厚、吸水率	同一厂家生产的同品种、同规格、同等级产品的 500 m^3，且不超过 3 万块为一批，抽检数量为 1 组。 取样方法：在每一检验批中随机抽取	《砌体结构工程施工质量验收规范》GB 50203-2011	每组 5 块	《普通混凝土小型砌块》GB/T 8239-2014	/
13	轻集料混凝土小型空心砌块	抗压强度、密度等级	同一生产厂家生产的同品种、同规格、同等级产品以 300 块为一批，不足 300 块亦为一批，抽检数量为 1 组。 取样方法：在每一检验批的产品中随机抽取			《轻集料混凝土小型空心砌块》GB/T 15229-2011	/

第三节 砂浆结构实体工程

一、概述

对结构实体进行检验，并不是在子分部工程验收前的重新检验，而是在相应分项工程验收合格的基础上，对重要项目进行的验证性检验，其目的是强化砌体结构的施工质量验收，真实地反映结构砌筑砂浆强度、烧结砖强度、后锚固件抗拔承载力等质量指标，确保结构安全。其主要的检测内容包括砌筑砂浆强度、烧结砖强度、后锚固件抗拔承载力以及合同约定的项目；必要时可检验其他项目。

二、检测项目及相关标准规范

序号	产品名称	检测项目（参数）	组批规则及取样方法	相关规范、规程（取样依据）	取样方法及数量	检测标准	备注
1	砌筑砂浆强度	回弹法检测混凝土强度	随机抽样	《回弹法检测砌筑砂浆抗压强度技术规程》DB37/T 2367-2013	单构件检测：适用于单个结构或构件的检测。 批量检测：根据检验批的容量，查规范中表确定检测构件数量	《回弹法检测砌筑砂浆抗压强度技术规程》DB37/T 2367-2013	山东省标准与行业标准在检测方法、检测数量等方面稍有差异，检测单位可根据实际情况选用标准，在山东省内一般采用山东省标准进行检测
				《砌体工程现场检测技术标准》GB/T 50315-2011	单构件检测：适用于单个结构或构件的检测。 批量检测：按批进行检测的构件抽检数量不得少于同批构件总数的30%，且构件数量不得少于10件；当检验批构件数量大于30个时，抽样构件数量可适当调整，并不得少于国家现行有关标准规定的最少抽样数量	《砌体工程现场检测技术标准》GB/T 50315-2011 《建筑结构检测技术标准》GB/T 50344-2019	
		贯入法检测砌筑砂浆强度	随机抽样	《贯入法检测砌筑砂浆抗压强度技术规程》DB37/T 2363-2013	单构件检测：同楼层的独立柱或两相邻墙体之间面积不大于25 m^2 的墙体。 批量检测：根据检验批的容量，按标准要求确定检测构件数量	《贯入法检测砌筑砂浆抗压强度技术规程》DB37/T 2363-2013	/
		砂浆片局压法检测砌筑砂浆强度	随机抽样	《砂浆片局压法检测砌筑砂浆抗压强度技术规程》DB37/T 2369-2013	单构件检测：同楼层的独立柱或两相邻墙体之间面积不大于25 m^2 的墙体。 批量检测：根据检验批的容量，按标准要求确定检测构件数量	《砂浆片局压法检测砌筑砂浆抗压强度技术规程》DB37/T 2369-2013	/
				《砌体工程现场检测技术标准》GB/T 50315-2011	单构件检测：适用于单个结构或构件的检测。 批量检测：按批进行检测的构件抽检数量不得少于同批构件总数的30%，且构件数量不得少于10件；当检验批构件数量大于30个时，抽样构件数量可适当调整，并不得少于国家现行有关标准规定的最少抽样数量	《砌体工程现场检测技术标准》GB/T 50315-2011 《建筑结构检测技术标准》GB/T 50344-2019	/

（续表）

序号	产品名称	检测项目（参数）	组批规则及取样方法	相关规范、规程（取样依据）	取样方法及数量	检测标准	备注
2	烧结砖强度	回弹法检测烧结砖强度	随机抽样	《砌体结构工程施工质量验收规范》GB 50203-2011	按批进行检测的构件抽检数量不得少于同批构件总数的 30%，且构件数量不得少于 10 件；当检验批构件数量大于 30 个时，抽样构件数量可适当调整，并不得少于国家现行有关标准规定的最少抽样数量	《砌体工程现场检测技术标准》GB/T 50315-2011 《建筑结构检测技术标准》GB/T 50344-2019	/
3	后锚固件抗拔承载力	抗拔承载力	随机抽样	《混凝土结构后锚固技术规程》JGJ 145-2013 《砌体结构工程施工质量验收规范》GB 50203-2011	应取每种型号植筋总数的 1%且不少于 3 根进行检测	《混凝土结构后锚固技术规程》JGJ 145-2013	/

第四章　钢结构工程

第一节　钢结构原材料及成品

一、概述

钢板的品种、规格、性能应符合国家现行标准并满足设计要求。钢板进场时，按国家现行标准的规定抽取试件且应进行屈服强度、抗拉强度、伸长率和厚度偏差检验。

型材和管材的品种、规格、性能应符合国家现行标准并满足设计要求。型材和管材进场时，按国家现行标准的规定抽取试件且应进行屈服强度、抗拉强度、伸长率和厚度偏差检验。

焊接材料的品种、规格、性能应符合国家现行标准的规定并满足设计要求。焊接材料进场时，按国家现行标准的规定抽取试件且应进行化学成分和力学性能检验。焊接材料，符合下列情况之一的钢结构所采用的焊接材料应进行抽样复验：①结构安全等级为一级的一、二级焊缝；②结构安全等级为二级的一级焊缝；③需要进行疲劳验算构件的焊缝；④材料混批或缺少质量证明文件的焊接材料；⑤设计文件或合同要求复检的焊接材料。

铸钢件品种、规格、性能应符合国家现行标准并满足设计要求。铸钢件进场时，按国家现行标准的规定抽取试件且应进行屈服强度、抗拉强度、伸长率和端口尺寸偏差检验。

二、检测项目及相关标准规范

序号	产品名称	检测项目 （参数）	组批规则及 取样方法	相关规范、规程 （取样依据）	取样方法及数量	检测标准	备注
1	碳素 结构钢	屈服强度、抗拉强度、断后伸长率、弯曲性能、冲击试验、化学成分[焊接结构采用的钢材保证项目：S、P、C(CEV)；非焊接结构采用的钢材保证项目：P、S]	每批由同一牌号、同一炉号、同一质量等级、同一品种、同一尺寸、同一交货状态的钢材组成。每批质量应不大于60 t	《钢结构工程施工质量验收标准》GB 50205-2020	化学成分：取样数量1个； 拉伸：取样数量1个； 冷弯：取样数量1个； 冲击：取样数量1个	《碳素结构钢》GB/T 700-2006	/

（续表）

序号	产品名称	检测项目（参数）	组批规则及取样方法	相关规范、规程（取样依据）	取样方法及数量	检测标准	备注
2	优质碳素结构钢	下屈服强度、抗拉强度、断后伸长率、冲击试验、化学成分[焊接结构采用的钢材保证项目：S、P、C(CEV)；非焊接结构采用的钢材保证项目：P、S]	应按批检查和验收。每批由同一牌号、同一炉号、同一加工方法、同一尺寸、同一交货状态、同一热处理制度（或炉次）的钢棒组成	《钢结构工程施工质量验收标准》GB 50205-2020	化学成分：数量1个/炉； 拉伸：数量2个/批； 冲击：数量1组/批（U型缺口取2个，V型缺口取3个）	《优质碳素结构钢》GB/T 699-2015	/
3	建筑结构用钢板	下屈服强度、抗拉强度、屈强比、断后伸长率、弯曲性能、纵向冲击试验、化学成分[焊接结构采用的钢材保证项目：S、P、C(CEV)；非焊接结构采用的钢材保证项目：P、S]	钢板应成批验收。每批钢板应由同一牌号、同一炉号、同一厚度、同一交货状态、同一热处理炉次的钢板组成，每批重量不大于60 t	《钢结构工程施工质量验收标准》GB 50205-2020	化学成分：数量1个/炉； 拉伸：数量1个/批； 冲击：数量3个/批（对于厚度大于40 mm的钢板，冲击试样轴线应位于板厚的1/4处）； 弯曲试验：数量1个/批	《建筑结构用钢板》GB/T 19879-2015	/
4	低合金高强度结构钢	上屈服强度、抗拉强度、断后伸长率、弯曲性能、冲击试验、化学成分[焊接结构采用的钢材保证项目：S、P、C(CEV)；非焊接结构采用的钢材保证项目：P、S]	钢材应成批验收。每批钢板应由同一牌号、同一炉号、同一厚度、同一交货状态的钢材组成，每批重量不大于60 t，但卷重大于30 t的钢带或热轧板可按两个轧制卷组成一批，对容积大于200 t转炉冶炼的型钢，每批重量不大于80 t	《钢结构工程施工质量验收标准》GB 50205-2020	化学成分：数量1个/炉； 拉伸：数量1个/批； 冲击：数量3个/批； 弯曲试验：数量1个/批	《低合金高强度结构钢》GB/T 1591-2018	/
5	合金结构钢	下屈服强度、抗拉强度、断后伸长率、断面收缩率、冲击试验、化学成分[焊接结构采用的钢材保证项目：S、P、C(CEV)]	应按批检查和验收。每批由同一牌号、同一炉号、同一加工方法、同一尺寸、同一交货状态、同一热处理制度（或炉次）的钢棒组成	《钢结构工程施工质量验收标准》GB 50205-2020	化学成分：数量1个/炉； 拉伸：数量2个/批； 冲击：数量1组2个/批（1组：U型缺口取2个，V型缺口取3个）； 弯曲试验：数量1个/批	《合金结构钢》GB/T 3077-2015	/

（续表）

序号	产品名称	检测项目（参数）	组批规则及取样方法	相关规范、规程（取样依据）	取样方法及数量	检测标准	备注
6	耐候结构钢	屈服强度、抗拉强度、断后伸长率、弯曲性能、冲击试验、化学成分[焊接结构采用的钢材保证项目：S、P、C(CEV)；非焊接结构采用的钢材保随机在钢材一端取样，每批 1 个，尺寸 300 mm×450 mm 保证项目：P、S]	钢材应成批验收。每批由同一牌号、同一炉号、同一规格、同一轧制制度和同一交货状态的钢材组成；冷轧产品每批重量不得超过 30 t	《钢结构工程施工质量验收标准》GB 50205-2020	化学成分：数量 1 个/炉； 拉伸：数量 1 个/批； 冲击：数量 1 组 3 个/批； 弯曲试验：数量 1 个/批	《耐候结构钢》GB/T 4171-2008	/
7	抗震结构用型钢	屈服强度、抗拉强度、屈强比、断后伸长率、冲击试验、化学成分[焊接结构采用的钢材保证项目：S、P、C(CEV)；非焊接结构采用的钢材保证项目：P、S]	钢材应成批验收。每批由同一牌号、同一炉号、同一规格、同一轧制制度的钢材组成，每批重量不得大于 60 t	《钢结构工程施工质量验收标准》GB 50205-2020	化学成分：取样数量 1 个/炉； 拉伸：取样数量 1 个； 冲击：取样数量 3 个/批	《抗震结构用型钢》GB/T 28414-2012	/
8	碳素结构钢和低合金结构钢热轧厚钢板和钢带	屈服强度、抗拉强度、断后伸长率、弯曲性能、冲击试验、化学成分[焊接结构采用的钢材保证项目：S、P、C(CEV)；非焊接结构采用的钢材保证项目：P、S]	钢板和钢带应成批验收。每批由同一牌号、同一炉号、同一质量等级、同一交货状态的钢板和钢带组成	《钢结构工程施工质量验收标准》GB 50205-2020	化学成分：取样数量 1 个/炉； 拉伸：取样数量 1 个； 弯曲试验：取样数量 1 个； 冲击：取样数量 3 个/批	《碳素结构钢和低合金结构钢热轧厚钢板和钢带》GB/T 3274-2017	/
9	厚度方向性能钢板	厚度方向断面收缩率	Z15 级钢板同一炉号、同一牌号、同一厚度、同一交货状态的钢材组成，每批重量不大于 50 t；如需方有要求时，也可逐轧制张检验；Z25、Z35 级钢板应逐轧制张检验	《钢结构工程施工质量验收标准》GB 50205-2020	随机在钢材一端取样，每批 1 个，尺寸 200 mm×250 mm	《厚度方向性能钢板》GB/T 5313-2010	/

（续表）

序号	产品名称	检测项目（参数）	组批规则及取样方法	相关规范、规程（取样依据）	取样方法及数量	检测标准	备注
10	结构用无缝钢管	下屈服强度、抗拉强度、断后伸长率、弯曲或压扁、化学成分[焊接结构采用的钢材保证项目：S、P、C(CEV)；非焊接结构采用的钢材保证项目：P、S]	同一炉号、同一牌号、同一规格、同一热处理钢管组批，每批钢管的数量应不超过以下规定：外径不大于76 mm，并且壁厚不大于3 mm，400根；外径大于351 mm的50根；其他尺寸200根；剩余钢管根数，如不少于上述规定的50%时则单独列为1批，少于上述规定的50%时可并入同一炉号、同一牌号和同一规格的相邻批中	《钢结构工程施工质量验收标准》GB 50205-2020	随机在钢管一端取样，每批在2根钢管上各取拉伸试件1根，长度450 mm，各取弯曲或压扁试件1根，长度300 mm	《结构用无缝钢管》GB/T 8162-2018	/
11	一般工程用铸造碳钢件	屈服强度、抗拉强度、断后伸长率、断面收缩率、冲击试验、化学成分[焊接结构采用的钢材保证项目：S、P、C(CEV)；非焊接结构采用的钢材保证项目：P、S]	①按炉次：同一炉次钢液浇注，同炉热处理的为一批； ②按数量或重量：同一材料牌号在熔炼工艺稳定的条件下，几个炉次浇注的并经相同工艺多炉次热处理后以一定的数量或一定重量的铸件为一批。具体要求需供需双方商定	《钢结构工程施工质量验收标准》GB 50205-2020	随机在铸钢件一端取样，每批1个，尺寸为300 mm×500 mm	《一般工程用铸造碳钢件》GB/T 11352-2009	/
12	直缝电焊钢管	下屈服强度、抗拉强度、断后伸长率、弯曲或压扁、化学成分[焊接结构采用的钢材保证项目：S、P、C(CEV)；非焊接结构采用的钢材保证项目：P、S]	同一炉号、同一牌号、同一规格、同一精度、同一镀锌层重量级别的钢管组批，每批钢管的数量应不超过以下规定：外径大于219.1 mm，每个生产批次的钢管；外径大于219.1 mm，但不大于406.4 mm，200根；外径大于406.4 mm，100根	《钢结构工程施工质量验收标准》GB 50205-2020	随机在钢管一端取样，每批在1根钢管上取拉伸试件1根，长度450 mm，每批在2根钢管上各取弯曲或压扁试件1根，长度300 mm	《直缝电焊钢管》GB/T 13793-2016	/

（续表）

序号	产品名称	检测项目（参数）	组批规则及取样方法	相关规范、规程（取样依据）	取样方法及数量	检测标准	备注
13	热轧H型钢和剖分T型钢	下屈服强度、抗拉强度、断后伸长率、弯曲性能、冲击试验、化学成分[焊接结构采用的钢材保证项目：S、P、C(CEV)；非焊接结构采用的钢材保证项目：P、S]	同一牌号、同一质量等级、同一规格、同一交货条件的钢材组成。同批钢材量≤500 t，检验批量标准值为180 t；同批钢材量501～900 t，检验批量标准值为240 t；同批钢材量901～1 500 t，检验批量标准值为300 t；同批钢材量1 501～3 000 t，检验批量标准值为360 t；同批钢材量3 001～5 400 t，检验批量标准值为420 t；同批钢材量5 401～9 000 t，检验批量标准值为500 t；同批钢材量>9 000 t，检验批量标准值为600 t。 注：同一规格可按板厚度≤16 mm；>16 mm，≤40 mm；>40 mm，≤63 mm；>63 mm，≤80 mm；>80 mm，≤100 mm；>100 mm。 根据建筑结构的重要性及钢材的品种不同，对检验批量标准值应进行修正，检验批量值取10的整数倍。建筑结构安全等级为一级，且设计使用年限为100年重要建筑用钢材和强度等级大于或等于420 MPa的高强度钢材，修正系数为0.85；获得认证且连续首3批均检验合格的钢材产品，修正系数为2；其他钢材，修正系数为1。修正系数为2的钢材产品，当检验出现不合格时，应按照修正系数1.00重新确定检验批量	《钢结构工程施工质量验收标准》GB 50205-2020	化学成分：取样数量1个/炉； 拉伸：取样数量1个/批； 弯曲试验：取样数量1个/批； 冲击：取样数量3个	《热轧H型钢和剖分T型钢》GB/T 11263-2017	/

（续表）

序号	产品名称	检测项目（参数）	组批规则及取样方法	相关规范、规程（取样依据）	取样方法及数量	检测标准	备注
14	埋弧焊用非合金钢及细晶粒钢实心焊丝、药芯焊丝和焊丝	熔敷金属力学性能（抗拉强度、屈服强度、断后伸长率）、冲击试验、射线探伤、实心焊丝化学成分、药芯焊丝—焊剂组合熔敷金属化学成分	①实心焊丝及填充丝、焊带和预成型嵌条：在一个生产周期内所生产的同一型号、规格、形式和热处理条件的产品数量组批，但不超过 45 000 kg。 ②焊条：在一个生产周期内所生产的同一型号、规格、形式和热处理条件的产品数量组批，但不超过 45 000 kg。 ③药芯焊丝和药芯填充丝：在一个生产周期内所生产的同一型号、规格、形式和热处理条件的产品数量组批，但不超过 45 000 kg。该批焊材应采用一个炉号或控制化学成分的盘条、钢带或管材生产。 ④埋弧焊焊剂：F1 级批量是焊接材料制造厂在其质量保证程序中规定的常规产品数量。F2 级批量是在一个生产周期内，用相同原材料混合物所生产的产品数量	《钢结构工程施工质量验收标准》GB 50205-2020	每批随机抽样制作试板宽度不小于 250 mm，长度不小于 300 mm	《埋弧焊用非合金钢及细晶粒钢实心焊丝、药芯焊丝和焊丝—焊剂组合分类》GB/T 5293-2018	/
15	高强钢药芯焊丝	熔敷金属力学性能（抗拉强度、屈服强度、断后伸长率）、射线探伤、熔敷金属化学成分			每批随机抽样制作试板宽度不小于 150 mm，长度不小于 150 mm	《高强钢药芯焊丝》GB/T 36233-2018	/
16	热强钢药芯焊丝	熔敷金属力学性能（抗拉强度、屈服强度、断后伸长率）、射线探伤、熔敷金属化学成分			每批随机抽样制作试板宽度不小于 150 mm，长度不小于 150 mm	《热强钢药芯焊丝》GB/T 17493-2018	/
17	埋弧焊用热强钢实芯焊丝、药芯焊丝和焊丝	熔敷金属力学性能（抗拉强度、屈服强度、断后伸长率）、冲击试验、射线探伤、熔实心焊丝化学成分、药芯焊丝—焊剂组合熔敷金属化学成分			每批随机抽样制作试板宽度不小于 150 mm，长度不小于 350 mm	《埋弧焊用热强钢实芯焊丝、药芯焊丝和焊丝—焊剂组合分类要求》GB/T 12470-2018	/

（续表）

<table>
<tr><th>序号</th><th>产品名称</th><th>检测项目
（参数）</th><th>组批规则及
取样方法</th><th>相关规范、规程
（取样依据）</th><th>取样方法及数量</th><th>检测标准</th><th>备注</th></tr>
<tr><td>18</td><td>非合金钢及细晶粒钢药芯焊丝</td><td>多道焊熔敷金属力学性能（抗拉强度、屈服强度、断后伸长率）、单道焊焊接接头抗拉强度、冲击试验、射线探伤、熔敷金属化学成分</td><td rowspan="3">①实心焊丝及填充丝、焊带和预成型嵌条：在一个生产周期内所生产的同一型号、规格、形式和热处理条件的产品数量组批，但不超过 45 000 kg。
②焊条：在一个生产周期内所生产的同一型号、规格、形式和热处理条件的产品数量组批，但不超过 45 000 kg。
③药芯焊丝和药芯填充丝：在一个生产周期内所生产的同一型号、规格、形式和热处理条件的产品数量组批，但不超过 45 000 kg。该批焊材应采用一个炉号或控制化学成分的盘条、钢带或管材生产。
④埋弧焊焊剂：F1 级批量是焊接材料制造厂在其质量保证程序中规定的常规产品数量。F2 级批量是在一个生产周期内，用相同原材料混合物所生产的产品数量</td><td rowspan="3">《钢结构工程施工质量验收标准》GB 50205-2020</td><td>每批随机抽样制作多道焊试板宽度不小于 150 mm，长度不小于 350 mm；单道焊试板宽度不小于 125 mm，长度不小于 300 mm</td><td>《非合金钢及细晶粒钢药芯焊丝》GB/T 10045-2018</td><td>/</td></tr>
<tr><td>19</td><td>非合金钢及细晶粒钢焊条</td><td>熔敷金属力学性能（抗拉强度、屈服强度、断后伸长率）、冲击试验、射线探伤、熔敷金属化学成分</td><td>按照需要数量至少在 3 个部位取有代表性的样品。每批随机抽样制作试板宽度不小于 150 mm，长度不小于 350 mm；焊条长度大于 450 mm 时，试板长度不小于 500 mm</td><td>《非合金钢及细晶粒钢焊条》GB/T 5117-2012</td><td>/</td></tr>
<tr><td>20</td><td>热强钢焊条</td><td>熔敷金属力学性能（抗拉强度、屈服强度、断后伸长率）、射线探伤、熔敷金属化学成分</td><td>每批随机抽样，制作试板宽度不小于 150 mm，长度不小于 150 mm；焊条长度大于 450 mm 时，试板长度应不小于 500 mm</td><td>《热强钢焊条》GB/T 5118-2012</td><td>/</td></tr>
<tr><td>21</td><td>气体保护电弧焊用碳钢、低合金钢焊丝</td><td>熔敷金属力学性能、射线探伤、焊丝化学分析</td><td>同一炉号、同一形状、同一尺寸、同一交货状态的焊丝组成一批，每批焊丝的最大质量应满足焊丝型号 ER50-X\ER49-1 每 200 t 为一批，其他型号均每 30 t 为一批</td><td>《钢结构工程施工质量验收标准》GB 50205-2020</td><td>盘（卷、桶）焊丝每批取 1 盘（卷、桶），直条焊丝任取一最小包装单位。制作试板宽度不小于 150 mm，长度不小于 350 mm。焊条长度大于 450 mm 时，试板长度不小于 500 mm</td><td>《气体保护电弧焊用碳钢、低合金钢焊丝》GB/T 8110-2008</td><td>/</td></tr>
</table>

（续表）

序号	产品名称	检测项目 （参数）	组批规则及 取样方法	相关规范、规程 （取样依据）	取样方法及数量	检测标准	备注
22	大型 铸钢件	屈服强度、抗拉强度、断后伸长率、冲击试验、化学成分[焊接结构采用的钢材保证项目：S、P、C(CEV)；非焊接结构采用的钢材保证项目：P、S]	①当铸件的重量（净重）小于 3 t 时，按照同炉冶炼同炉热处理原则进行一组理化检验； ②当铸件重量（净重）大于或等于 3 t 时，每件产品均应进行一组理化检验	《钢结构工程施工质量验收标准》GB 50205-2020	随机在铸钢件一端取样，每批 1 个，尺寸为 300 mm×500 mm	《大型铸钢件　通用技术规范》GB/T 37681-2019	/
23	一般工程与结构用低合金钢铸件	屈服强度、抗拉强度、断后伸长率、断面收缩率、冲击试验、化学成分[焊接结构采用的钢材保证项目：S、P、C(CEV)；非焊接结构采用的钢材保证项目：P、S]	①按炉次：同一炉次钢液浇注，同炉热处理的为一批； ②按数量或重量：同一材料牌号在熔炼工艺稳定的条件下，几个炉次浇注的并经相同工艺多炉次热处理后以一定的数量或一定重量的铸件为一批。具体要求需供需双方商定	《钢结构工程施工质量验收标准》GB 50205-2020	随机在铸钢件一端取样，每批 1 个，尺寸为 300 mm×500 mm	《一般工程与结构用低合金钢铸件》GB/T 14408-2014	/

第二节　钢结构焊接工程

一、概述

设计要求的一、二级焊缝应进行内部缺陷的无损检测。

二、检测项目及相关标准规范

序号	产品名称	检测项目 （参数）	组批规则及 取样方法	相关规范、规程 （取样依据）	取样方法及数量	检测标准	备注
1	焊缝质量	内部缺陷	一级焊缝按不少于被检测焊缝处数的 20%抽检；二级焊缝按不少于被检焊缝处数的 5%抽检	《钢结构工程施工质量验收标准》GB 50205-2020	一级焊缝按不少于被检测焊缝处数的 20%抽检；二级焊缝按不少于被检焊缝处数的 5%抽检	《钢结构工程施工质量验收标准》GB 50205-2020	/

第三节　钢结构紧固件连接工程

一、概述

钢结构连接用高强度螺栓连接副的品种、规格、性能应符合国家现行标准的规定并满足设计要求。高强度大六角头螺栓连接副应随箱带有扭矩系数检验报告，扭剪型高强度螺栓连接副应随箱带有紧固轴力(预拉力)检验报告。高强度大六角头螺栓连接副和扭剪型高强度螺栓连接副进场时，应按国家现行标准的规定抽取试件且应分别进行扭矩系数和紧固轴力(预拉力)检验，检验结果应符合国家现行标准的规定。设计要求的一、二级焊缝应进行内部缺陷的无损检测。钢结构紧固件连接工程，钢结构制作和安装单位应分别进行高强度螺栓连接摩擦面(含涂层摩擦面)的抗滑移系数试验和复验，现场处理的构件摩擦面应单独进行抗滑移系数试验。

二、检测项目及相关标准规范

序号	产品名称	检测项目(参数)	组批规则及取样方法	相关规范、规程(取样依据)	取样方法及数量	检测标准	备注
1	钢结构用高强度大六角头螺栓连接副	连接副扭矩系数	同一厂家、炉号、性能等级、材料、螺纹规格、长度(当螺栓长度≤100 mm时，长度相差≤15 mm；螺栓长度>100 mm时，长度相差≤20 mm，可视为同一长度)、机械加工、热处理工艺、表面处理工艺的螺栓为同批；同一厂家、炉号、性能等级、材料、螺纹规格、机械加工、热处理工艺、表面处理工艺的螺母为同批；同一厂家、炉号、性能等级、材料、规格、机械加工、热处理工艺、表面处理工艺的垫圈为同批；分别由同批螺栓、螺母、垫圈组成的连接副为同批连接副。同批高强螺栓连接副最大数量为3 000套	《钢结构工程施工质量验收标准》GB 50205-2020	随机抽取，每批抽取8套	《钢结构用高强度大六角头螺栓、大六角螺母、垫圈技术条件》GB/T 1231-2006	/
2	钢结构用扭剪型高强度螺栓连接副	连接副紧固轴力		《钢结构工程施工质量验收标准》GB 50205-2020	随机抽取，每批抽取8套	《钢结构用扭剪型高强度螺栓连接副》GB/T 3632-2008	/

（续表）

序号	产品名称	检测项目（参数）	组批规则及取样方法	相关规范、规程（取样依据）	取样方法及数量	检测标准	备注
3	高强螺栓连接摩擦面	抗滑移系数	可按分部工程(子分部工程)所含高强螺栓用量划分:每5万个高强度螺栓用量的钢结构为一批,不足5万个高强度螺栓用量的钢结构视为一批。选用两种及两种以上表面处理(含有涂层摩擦面)工艺时,每种处理工艺均需检验抗滑移系数	《钢结构工程施工质量验收标准》GB 50205-2020	试件与所代表的钢结构构件应为同一材质、同批制作、采用同一摩擦处理工艺和具有相同的表面状态,并应用同批同一性能等级的高强度螺栓连接副,在同一环境条件下存放。每批3组试件	《钢结构工程施工质量验收标准》GB 50205-2020	/
4	终拧扭矩	终拧扭矩	按节点数抽查10%,且不应少于10个节点,对于每个被抽查的节点应按螺栓数抽查10%,且不少于2个螺栓	《钢结构工程施工质量验收标准》GB 50205-2020	按节点数抽查10%,且不应少于10个节点,对于每个被抽查的节点应按螺栓数抽查10%,且不少于2个螺栓	《钢结构工程施工质量验收标准》GB 50205-2020	应在终拧完成1 h后,48 h内进行终拧质量检查
5	钢网架螺栓球节点用高强度螺栓	实物拉力载荷(M39～M85×4的螺栓以硬度代替拉力载荷)	同一性能等级、材料牌号、炉号、规格、机械加工、热处理工艺、表面处理工艺的螺栓为同批。最大批量:对小于或等于M36的为5 000件,对大于M36的为2 000件	《钢结构工程施工质量验收标准》GB 50205-2020	每批随机抽8套	《钢网架螺栓球节点用高强度螺栓》GB/T 16939-2016	/
6	拉索、拉杆、锚具	屈服强度、抗拉强度、断后伸长率	同一炉批号原材料,按同一轧制工艺及热处理制作的同一规格拉杆或拉索为一批。组装数量以不超过50套件的锚具和索杆为一个检验批	《钢结构工程施工质量验收标准》GB 50205-2020	每个检验批随机抽取3个试件,试件长度1.1 m	《钢结构工程施工质量验收标准》GB 50205-2020	/

第四节　主体钢结构立面偏移和整体平面弯曲

一、概述

主体钢结构立面偏移和整体平面弯曲的允许偏差应符合标准的规定。

二、检测项目及相关标准规范

序号	产品名称	检测项目（参数）	组批规则及取样方法	相关规范、规程（取样依据）	取样方法及数量	检测标准	备注
1	主体结构的立面偏移和整体平面弯曲	主体结构的整体立面偏移、主体结构的整体平面弯曲的允许偏差	主要立面全部检查	《钢结构工程施工质量验收标准》GB 50205-2020	对每个所检查的立面，除两列角柱外，尚应至少选取一列中间柱	《钢结构工程施工质量验收标准》GB 50205-2020	/

第五节　钢结构涂装工程

一、概述

防腐涂料、涂装遍数、涂装间隔、涂层厚度均应满足设计文件、涂料产品标准的要求。膨胀性(超薄型、薄涂型)防火涂料、厚涂型防火涂料的涂层厚度及隔热性能应满足相关耐火极限的要求，且不应小于－200 μm。当采用厚涂型防火涂料涂装时，80%及以上涂层面积应满足相关耐火极限要求，且最薄厚度不应低于设计要求的85%。

二、检测项目及相关标准规范

序号	产品名称	检测项目（参数）	组批规则及取样方法	相关规范、规程（取样依据）	取样方法及数量	检测标准	备注
1	钢结构防腐涂料	涂层厚度	按照构件数抽查10%，且同类构件不应少于3件	《钢结构工程施工质量验收标准》GB 50205-2020	按照构件数抽查10%，且同类构件不应少于3件	《钢结构工程施工质量验收标准》GB 50205-2020	/
2	钢结构防火涂料	涂层厚度	按照构件数抽查10%，且同类构件不应少于3件	《钢结构工程施工质量验收标准》GB 50205-2020	按照构件数抽查10%，且同类构件不应少于3件	《钢结构工程施工质量验收标准》GB 50205-2020	/
		粘结强度、抗压强度	每使用100 t或不足100 t薄涂型防火涂料应抽检一次粘结强度；每使用500 t或不足500 t厚涂型防火涂料应抽检一次粘结强度和抗压强度	《钢结构工程施工质量验收标准》GB 50205-2020	随机抽取：20 kg； 防锈漆：5 kg	《钢结构防火涂料》GB 14907-2018	/
		粘结强度、耐水性（室内型）、耐火极限	每使用100 t的膨胀型钢结构防火涂料和500 t的非膨胀型钢结构防火涂料作一次耐火性能检验，同一个企业在同一个工程使用的同一规格型号的涂料，只需要做一次耐火检测	《钢结构工程施工质量验收标准》GB 50205-2020	膨胀型：150 kg； 非膨胀型：250 kg； 防锈漆：10 kg； 加固材料：10 m^2（如有）	《钢结构防火涂料》GB 14907-2018	/

第五章　幕墙工程

一、概述

幕墙是由金属构架与板材组成的、不承担主体结构荷载与作用的建筑外围护结构。

建筑幕墙是建筑物的外围护结构的一种，它不同于一般的外墙，具有造型美观、装饰效果好、质量轻，抗震性能好、施工安装简便、工期较短、维修方便等特点。

二、检测项目及相关标准规范

序号	产品名称	检测项目（参数）	组批规则及取样方法	相关规范、规程（取样依据）	取样方法及数量	检测标准	备注
1	建筑幕墙	抗风压性能、水密性能、气密性能、平面内变形性能、热工性能、空气声隔声性能、耐撞击性能、光学性能、承重力性能	每 3 000 m^2 为一批	《建筑节能工程施工质量验收标准》GB 50411-2019	1 件（试件至少要包含一个承受设计荷载的垂直承力构件，高度至少要包含一个层高且在垂直方向上应有两处或两处以上和承重结构连接，应包含典型的垂直接缝、水平接缝和可开启部分，试件可开启部分占试件总面积比例与实际工程接近）	《建筑幕墙》GB/T 21086-2007	/
2	中空玻璃	露点、尺寸偏差、外观质量、耐紫外线辐照性能、水气密封耐久性能、初始气体含量、气体密封耐久性、U 值	500 块为一检验批次	《建筑幕墙》GB/T 21086-2007《建筑节能工程施工质量验收标准》GB 50411-2019	15 片，510 mm×360 mm，中空玻璃	《中空玻璃》GB/T 11944-2012	/

（续表）

序号	产品名称	检测项目（参数）	组批规则及取样方法	相关规范、规程（取样依据）	取样方法及数量	检测标准	备注
3	幕墙玻璃	遮阳系数、可见光透射比	按单体工程建筑面积<1 000 m^2 时，5个单体工程为一抽检批；<2 000 m^2，3个单体工程为一检验批；2 000～5 000 m^2 时，2个单体工程为一抽检批；>5 000 m^2 时，按每个单体工程计抽检批	《建筑节能工程施工质量验收标准》GB 50411-2019 《建筑幕墙》GB/T 21086-2007	应采用与制品相同材料和工艺的条件下制备的玻璃试样，尺寸：50 mm×50 mm，9片单片玻璃，四周需打胶	《建筑玻璃可见光透射比、紫外线透》GB/T 2680-1994 《平板玻璃》GB 11614-2009	/
		传热系数			应采用与制品相同材料和工艺的条件下制备的完整试样，尺寸：800 mm×1 250 mm（1块）	《建筑外门窗保温性能检测方法》GB/T 8484-2020	
4	铝单板	干式附着力、铅笔硬度、耐冲击性、尺寸偏差、膜厚、光泽度	同种规格每3 000 m^2 取一批	《建筑装饰装修工程质量验收标准》GB 50210-2018	75 mm×50 mm（6根） 150 mm×75 mm（3根）	《建筑装饰用铝单板》GB/T 23443-2009	/
5	花岗石	吸水率、体积密度、干燥压缩强度、干燥弯曲强度、耐磨性、放射性	同一种为一批	《建筑幕墙》GB/T 21086-2007	50 mm×50 mm（6块） 300 mm×300 mm（2块）	《天然花岗石建筑板材》GB 18601-2009	/
6	铝合金建筑型材—隔热型材	抗拉强度、抗剪强度	每批应由同一牌号和状态的铝合金型材与同一种隔热材料，通过同一种复合工艺制作的同一类别和规格和表面处理方式的隔热型材组成	GB 50411-2019《建筑节能工程施工质量验收标准》	长100 mm±2 mm，横向切10根，纵向切10根	《铝合金建筑型材　第6部分：隔热型材》GB/T 5237.6-2017	不可用热切，要采用冷切割，两头镀锌层需要打磨

（续表）

序号	产品名称	检测项目（参数）	组批规则及取样方法	相关规范、规程（取样依据）	取样方法及数量	检测标准	备注
7	建筑用硅酮结构密封胶	单组分：外观、下垂度、表干时间、硬度、拉伸粘结强度（23 ℃）、粘结破坏面积、23 ℃时最大拉伸强度时伸长率、热老化、相容性、基材的粘结性。 双组分：外观、下垂度、表干时间、硬度、拉伸粘结强度（23 ℃）、粘结破坏面积、23 ℃时最大拉伸强度时伸长率、热老化、相容性、基材的粘结性	3 t为一检验批次	《建筑装饰装修工程质量验收标准》GB 50210-2018 《建筑幕墙》GB/T 21086-2007	3 kg（双组分时甲料2 kg，配相应比例的乙料）	《中空玻璃用硅酮结构密封胶》GB 24266-2009 《建筑用硅酮结构密封胶》GB 16776-2005	/
8	硅酮建筑密封胶	密度、下垂度、表干时间、挤出性、适用期、弹性恢复率、拉伸模量、浸水后定伸粘结性、冷拉—热压后粘结性、定伸粘结性、质量损失率、紫外线辐照后粘结性、浸水光照后粘结性、烷烃增塑剂	5 t为一检验批次	《建筑装饰装修工程质量验收标准》GB 50210-2018 《建筑幕墙》GB/T 21086-2007	3 kg	《硅酮和改性硅酮建筑密封胶》GB/T 14683-2017	/
9	干挂石材用幕墙胶粘剂	拉剪强度、压剪强度、弯曲弹性模量、冲击强度、外观、适用期	同一种为一批	《建筑幕墙》GB/T 21086-2007	4 kg	《干挂石材幕墙用环氧胶粘剂》JC887-2001	/
10	非结构承载用石材胶粘剂	压剪粘接强度、外观、适用期、弯曲弹性模量、对粘弯曲强度、冲击韧性	相同生产原料和配比，连续生产的20 t为1批次，不足20 t按照1批	《建筑幕墙》GB/T 21086-2007	随机抽取两组样品进行检验，各1 kg	《非结构承载用石材胶粘剂》JC/T 989-2016	/

（续表）

序号	产品名称	检测项目（参数）	组批规则及取样方法	相关规范、规程（取样依据）	取样方法及数量	检测标准	备注
11	镶装玻璃用密封胶	弹性恢复率、拉伸粘结性、拉伸模量（23 ℃）、定伸粘结性、冷拉—热压后粘结性、浸水后定伸粘结性、流动性	按单体工程建筑面积<1 000 m^2，5 个单体工程为一批； 面积<2 000 m^2，3 个单体工程为一批；2 000～5 000 m^2 时，2 个单体工程为一批； 面积>5 000 m^2 时，按每个单体工程计抽检批	《建筑装饰装修工程质量验收标准》GB 50210-2018	产品随机取样，样品总量为 4 kg，或满足检测要求分为两份，一份实验一份备用。双组分样品取样后立即分别密封包装	《建筑密封胶分级和要求》GB/T 22083-2008	提供规格型号，注明养护方法 A 法或 B 法。基材：要求用玻璃基材或者可选用阳极氧化铝，75 mm×25 mm×6 mm 的浮法玻璃和铝板各 30 块
12	建筑接缝用密封胶	2025HMLM：弹性恢复率、拉伸粘结性、拉伸模量（23 ℃）、定伸粘结性、冷拉—热压后粘结性、浸水后定伸粘结性、浸水后拉伸粘结性、流动性。 12.5E：弹性恢复率、定伸粘结性、冷拉—热压后粘结性、浸水后定伸粘结性、浸水后拉伸粘结性、流动性。 12.5P7.5P：弹性恢复率、拉伸粘结性，断裂伸长率（23 ℃）、浸水后拉伸粘结性，断裂伸长率（23 ℃下）、流动性	按单体工程建筑面积<1 000 m^2 时，5 个单体工程为一抽检批； 面积<2 000 m^2，3 个单体工程为一检验批； 面积为 2 000～5 000 m^2 时，2 个单体工程为一抽检批； 面积>5 000 m^2 时，按每个单体工程计抽检批	《建筑装饰装修工程质量验收标准》GB 50210-2018	产品随机取样，样品总量为 4 kg，或满足检测要求分为两份，一份实验一份备用。双组分样品取样后立即分别密封包装	《建筑密封胶分级和要求》GB/T 22083-2008	

（续表）

序号	产品名称	检测项目（参数）	组批规则及取样方法	相关规范、规程（取样依据）	取样方法及数量	检测标准	备注
13	建筑外墙外保温用岩棉制品	质量吸湿率、憎水率、短期吸水率、导热系数、燃烧性能、外观、尺寸偏差、尺寸稳定性、压缩强度、垂直于表面的抗拉强度	同厂家、同型号、同材质为一检验批次	《建筑节能工程施工质量验收标准》GB 50411-2019	600 mm × 600 mm 4块 或 1 200 mm × 600 mm 2块	《建筑外墙外保温用岩棉制品》GB/T 25975-2018	/
14	建筑幕墙现场淋水试验（现场检测）	淋水试验	垂直水平接缝及可能渗漏部位	《建筑幕墙》GB/T 21086-2007	垂直水平接缝及可能渗漏部位	《建筑幕墙》GB/T 21086-2007	/

第六章　建筑地面工程

一、概述

建筑地面是指建筑物底层地面和楼(层地)面的总称。从事建筑地面工程施工的建筑施工企业应有质量管理体系和相应的施工工艺技术标准。建筑地面工程采用的材料或产品应符合设计要求和国家现行有关标准的规定。无国家现行标准的，应具有省级住房和城乡建设行政主管部门的技术认可文件。材料或产品进场时还应符合下列规定：

(1)应有质量合格证明文件；

(2)应对型号、规格、外观等进行验收，对重要材料或产品应抽样进行复验。

建筑地面工程采用的大理石、花岗石、料石等天然石材以及砖、预制板块、地毯、人造板材、胶粘剂涂料、水泥、砂、石、外加剂等材料或产品应符合国家现行有关室内环境污染控制和放射性、有害物质限量的规定。材料进场时应具有检测报告。厕浴间和有防滑要求的建筑地面应符合设计防滑要求。

有种植要求的建筑地面，其构造做法应符合设计要求和现行行业标准《种植屋面工程技术规程》JGJ 155 的有关规定。设计无要求时，种植地面应低于相邻建筑地面 50 mm 以上或做槛台处理。

二、检测项目及相关标准规范

序号	产品名称	检测项目（参数）	组批规则及取样方法	相关规范、规程（取样依据）	取样方法及数量	检测标准	备注
1	混凝土试块	抗压强度	同一施工批次、同一配合比每层地面工程不少于 1 组。当一层面积超过 1 000 m^2 时，每增加 1 000 m^2 应增加 1 组试块	《建筑地面工程施工质量验收规范》GB 50209-2010	每组 3 块	《混凝土物理力学性能试验方法标准》GB/T 50081-2019	/
2	砂浆试块	抗压强度	同一施工批次、同一配合比每层地面工程不少于 1 组。当一层面积超过 1 000 m^2 时，每增加 1 000 m^2 应增加 1 组试块	《建筑地面工程施工质量验收规范》GB 50209-2010	每组 3 块	《建筑砂浆基本性能试验方法标准》JGJ/T 70-2009	/

(续表)

序号	产品名称	检测项目 (参数)	组批规则及 取样方法	相关规范、规程 (取样依据)	取样方法及数量	检测标准	备注
3	种植土	pH、含盐量、有机质、质地、入渗率、养分控制指标、潜在障碍因子控制指标	取样密度大小主要根据绿化面积和土质均匀度,一般每2 000 m^2采一个样,至少由5个取样点组成;小于2 000 m^2按一个样品计;绿化面积>30 000 m^2可以根据现场实际情况适当放宽采样密度,取样点相应增加;土质不均匀适当增加取样密度	《建筑地面工程施工质量验收规范》GB 50209-2010	每个土壤取样点等量采集土块后均匀混合在一起,然后根据四分法去掉多余的土壤,依次方法直至最后保留1 kg左右的土壤混合样	《绿化种植土壤》CJ/T 340-2016	/
4	透水路面砖和透水路面板	透水路面砖:劈裂抗拉强度、抗冻性、防滑性、透水系数、耐磨性、外观质量、尺寸偏差 透水路面板:抗折强度、抗冻性、防滑性、透水系数、耐磨性、外观质量、尺寸偏差	以用同一批原材料、同一生产工艺生产、同标记的1 000 m^2透水块材为一批,不足1 000 m^2者亦按一批计	《建筑地面工程施工质量验收规范》GB 50209-2010	每批随机抽取32块试件,进行外观质量、尺寸偏差检验。从外观质量和尺寸偏差检验合格的透水块材中抽取如下数量进行其他项目检验: 强度等级:5块; 透水系数:3块; 抗冻性:10块; 耐磨性:5块; 防滑性:3块	《透水路面砖和透水路面板》GB/T 25993-2010	/
5	广场路面用天然石材	尺寸偏差、外观质量、防滑性能、吸水率、干燥压缩强度、抗折强度、水饱和压缩强度、抗折强度、耐磨性、抗冻性、坚固性	同一工程、同一材料、同一生产厂家,同一型号、同一规格、同一批号检查一次	《建筑地面工程施工质量验收规范》GB 50209-2010	压缩强度、体积密度、吸水率:50 mm×50 mm,10块; 抗折强度:厚度×10 mm+50 mm,宽100 mm,5块; 耐磨性试验:50 mm×50 mm,厚度15~55 mm,试样被磨损面的棱应磨圆至半径约为0.8 mm弧度,4块; 抗冻性:圆柱体,直径为50 mm,高径比为2∶1,6个; 坚固性:圆柱体,直径为50 mm,高径比为2∶1,6个	《广场路面用天然石材》JC/T 2114-2012	/

（续表）

序号	产品名称	检测项目（参数）	组批规则及取样方法	相关规范、规程（取样依据）	取样方法及数量	检测标准	备注
6	天然花岗岩建筑板材（普型板）	外观质量、体积密度、吸水率、压缩强度、弯曲强度、耐磨性、放射性	同一工程、同一材料、同一生产厂家、同一型号、同一规格、同一批号检查一次	《建筑地面工程施工质量验收规范》GB 50209-2010	压缩强度、体积密度、吸水率：50 mm×50 mm，10 块。 抗折强度：厚度×10 mm+50 mm、宽 100 mm，5 块。 耐磨性试验：50 mm×50 mm，厚度 15～55 mm，试样被磨损面的棱应磨圆至半径约为 0.8 mm 弧度，4 块	《天然花岗石建筑板材》GB/T 18601-2009	/
7	天然大理石建筑板材（普型板）	规格尺寸允许偏差、外观质量、体积密度、吸水率、干燥压缩强度、弯曲强度、平面度允许公差、角度允许公差、耐磨度	同一工程、同一材料、同一生产厂家、同一型号、同一规格、同一批号检查一次	《建筑地面工程施工质量验收规范》GB 50209-2010	干燥压缩强度：边长 50 mm 的正方体或 φ50 mm×50 mm 的圆柱体，尺寸偏差±0.5 mm，5 块。 体积密度、吸水率：试样为边长 50 mm 的正方体或直径、高度均为 50 mm 的圆柱体，尺寸偏差±0.5 mm，5 块。 弯曲强度：当试样厚度（H）≤68 mm 时，宽度为 100 mm；当试样厚度>68 mm 时，宽度为 1.5H，试样长度为 10H+50 mm。长度尺寸偏差±1 mm，宽度、厚度尺寸偏差±0.3 mm，5 块。 耐磨度：长度、宽度尺寸为 50 mm±0.5 mm，厚度为 15～55 mm，4 块	《天然大理石建筑板材》GB/T 19766-2016	/
8	无机非金属装修材料	放射性	同一工程、同一材料、统一生产厂家、同一型号、同一规格、同一批号检查一次	《建筑地面工程施工质量验收规范》GB 50209-2010	随机抽取样品两份，每份不少于 2 kg。一份封存，另一份作为检验样品	《民用建筑工程室内环境污染控制规程》DB37/T 5120-2018	/

（续表）

序号	产品名称	检测项目（参数）	组批规则及取样方法	相关规范、规程（取样依据）	取样方法及数量	检测标准	备注
9	室内用水性涂料、水性腻子和硅藻泥装饰壁材	游离甲醛含量	在正常生产情况下，每年至少进行一次型式检验	《建筑地面工程施工质量验收规范》GB 50209-2010	样品的最少量应为 2 kg 或完成规定试验所需量的 3～4 倍	《民用建筑工程室内环境污染控制标准》GB 50325-2020 《民用建筑工程室内环境污染控制规程》DB37/T 5120-2018	/
10	室内用水性胶粘剂	游离甲醛含量	同一工程、同一材料、同一生产厂家、同一型号、同一规格、同一批号检查一次	《建筑地面工程施工质量验收规范》GB 50209-2010	在同一批产品中随机抽取 3 份样品，每份不小于 0.5 kg	《民用建筑工程室内环境污染控制标准》GB 50325-2020 《民用建筑工程室内环境污染控制规程》DB37/T 5120-2018	/
11	玻璃纤维土工格栅	碱金属氧化物含量、网眼尺寸、网眼目数、断裂强力、断裂伸长率、耐温性能、宽度和长度、外观质量	同一规格品种、同一质量等级、同一生产工艺稳定连续生产的一定数量的单位产品为一批	《建筑地面工程施工质量验收规范》GB 50209-2010	2 m	《玻璃纤维土工格栅》GB/T 21825-2008	/

第七章　防水工程

一、概述

外墙防水是保证建筑物(构筑物)的结构不受水的侵袭、内部空间不受水的危害的一项分部防水工程。外墙防水工程应对下列材料及其性能指标进行复验：

(1)防水砂浆的粘结强度和抗渗性能；

(2)防水涂料的低温柔性和不透水性；

(3)防水透气膜的不透水性。

地下工程所使用的防水材料品种、规格、性能等必须符合现行国家或行业产品标准和设计要求。

二、检测项目及相关标准规范

序号	产品名称	检测项目 (参数)	组批规则及 取样方法	相关规范、规程 (取样依据)	取样方法及数量	检测标准	备注
1	聚合物乳液建筑防水涂料	外观、拉伸强度(无处理)、断裂延伸率(无处理)、低温柔性、不透水性、固体含量、干燥时间、处理后的拉伸强度、保持率、处理后的断裂延伸率、加热伸缩率	每 5 t 为一批，不足 5 t 按一批抽样	《地下防水工程质量验收规范》GB 50208-2011	抽检：产品抽样按 GB/T 3186 进行。出厂检验和型式检验产品抽样时，总共取 4 kg 样品用于检验	《聚合物乳液建筑防水涂料》JC/T 864-2008	/
2	聚合物水泥防水涂料	外观、固体含量、拉伸强度(无处理、处理后)、断裂伸长率(无处理、处理后)、低温柔性、粘结强度(无处理、处理后)、不透水性、抗渗性、自闭性	每 5 t 为一批，不足 5 t 按一批抽样	《地下防水工程质量验收规范》GB 50208-2011	抽样：产品的液体组分抽样按 GB/T 3186 的规定进行，配套固体组分的抽样按 GB/T 12573-2008 中袋装水泥的规定进行，两组共取 5 kg 样品	《聚合物水泥防水涂料》GB/T 23445-2009	/

（续表）

序号	产品名称	检测项目（参数）	组批规则及取样方法	相关规范、规程（取样依据）	取样方法及数量	检测标准	备注
3	水乳型沥青防水涂料	外观、固体含量、耐热度、不透水性、低温柔度、断裂伸长率、表干时间、实干时间、粘结强度、热处理低温柔度、碱处理低温柔度、紫外线处理低温柔度、热处理断裂伸长率、碱处理断裂伸长率、紫外线处理断裂伸长率	每5 t为一批，不足5 t按一批抽样	《地下防水工程质量验收规范》GB 50208-2011	抽样：在每批产品中按GB 3186规定取样，总共取2 kg样品，放入干燥密闭容器中密封好	《水乳型沥青防水涂料》JC/T 408-2005	/
4	聚合物水泥防水砂浆	外观、凝结时间、抗渗压力、抗折强度、抗压强度、柔韧性（横向变形能力）、粘结强度、耐热性、耐碱性、抗冻性、收缩率、吸水率	每10 t为一批，不足10 t按一批抽样	《地下防水工程质量验收规范》GB 50208-2011	在每批产品或生产线中不少于6个（组）取样点随机抽取。样品总质量不少于20 kg，样品分为两份，一份试验、一份备用	《聚合物水泥防水砂浆》JC/T 984-2011	/
5	非固化橡胶沥青防水涂料	外观、固含量、粘结性能、延伸性、低温柔性、耐热性、耐碱性、闪点、热老化、耐酸性、耐碱性、耐盐性、自愈性、渗油性、应力松弛、抗窜水性	每10 t为一批，不足10 t按一批抽样	《地下防水工程质量验收规范》GB 50208-2011	抽样：在每批产品中随机抽取两组样品，一组样品用于检验，另一组样品封存备用，每组至少4 kg	《非固化橡胶沥青防水涂料》JC/T 2428-2017	/
6	聚氨酯防水涂料	外观、拉伸强度、断裂伸长率、低温弯折性、不透水性、固体含量、表干时间、实干时间、流平性、撕裂强度、加热伸缩率、粘结强度、吸水率、定伸时老化、热处理、碱处理、酸处理、人工气候老化、燃烧性能、硬度（邵AM）、耐磨性、耐冲击性、接缝动态变形能力	每5 t为一批，不足5 t按一批抽样	《地下防水工程质量验收规范》GB 50208-2011	抽样：在每批产品中随机抽取两组样品，一组样品用于检验，另一组样品封存备用，每组至少5 kg（多组分产品按配比抽取），抽样前产品应搅拌均匀。若采用喷涂方式，取样量根据需要抽取	《聚氨酯防水涂料》GB/T 19250-2013	/

（续表）

序号	产品名称	检测项目 （参数）	组批规则及 取样方法	相关规范、规程 （取样依据）	取样方法及数量	检测标准	备注
7	弹性建筑涂料	容器中状态、施工性、涂膜外观、干燥时间（表干）、对比率、低温稳定性、耐碱性、耐水性、涂层耐温变性、标准状态下拉伸强度、耐人工老化性、耐沾污性、低温柔性、断裂伸长率	每 10 t 为一批，不足 10 t 按一批抽样	《地下防水工程质量验收规范》GB 50208-2011	抽样：产品按 GB/T 3186 的规定进行取样，取样量根据检验需要而定	《弹性建筑涂料》JG/T 172-2014	/
8	合成树脂乳液外墙涂料	容器中状态、施工性、低温稳定性、干燥时间（表干）、涂膜外观、对比率、耐水性、耐碱性、耐洗刷性、涂层耐温变性、耐人工气候老化性、耐沾污性、透水性、抗泛盐碱性、与下道涂层的适应性、附着力、粉化、变色	每 10 t 为一批，不足 10 t 按一批抽样	《地下防水工程质量验收规范》GB 50208-2011	抽样：产品按 GB/T 3186 的规定进行取样，取样量根据检验需要而定	《合成树脂乳液外墙涂料》GB/T 9755-2014	/
9	合成树脂乳液内墙涂料	容器中状态、施工性、干燥时间（表干）、涂膜外观、低温稳定性、耐碱性（24 h）、耐洗刷性、对比率、抗泛碱性	每 10 t 为一批，不足 10 t 按一批抽样	《地下防水工程质量验收规范》GB 50208-2011	抽样：产品按 GB/T 3186 的规定进行取样，也可按商定方法取样。取样量根据检验需要而定	《合成树脂乳液内墙涂料》GB/T 9756-2018	/
10	合成树脂乳液砂壁状建筑涂料	容器中状态、施工性、涂料低温贮存稳定性、初期干燥抗裂性、干燥时间（表干）、吸水量、耐水性、耐碱性、涂层耐温变性、耐沾污性、粘结强度、耐人工气候老化性、柔韧性	每 10 t 为一批，不足 10 t 按一批抽样	《地下防水工程质量验收规范》GB 50208-2011	抽样：产品按 GB/T 3186 的规定进行取样，取样量根据检验需要而定	《合成树脂乳液砂壁状建筑涂料》JG/T 24-2018	/

（续表）

序号	产品名称	检测项目（参数）	组批规则及取样方法	相关规范、规程（取样依据）	取样方法及数量	检测标准	备注
11	喷涂聚脲防水涂料	固体含量、凝胶时间、表干时间、拉伸强度、断裂伸长率、低温弯折性、不透水性、撕裂强度、加热伸缩率、粘结强度、吸水率、定伸时老化、热处理、碱处理、酸处理、盐处理、人工气候老化、硬度（邵 A）耐磨性、耐冲击性	每 5 t 为一批，不足 5 t 按一批抽样	《地下防水工程质量验收规范》GB 50208-2011	抽样：在每批产品中按 GB/T 3186 规定取样，按配比总共取不少于 40 kg 样品。分为 2 组，放入不与涂料发生反应的干燥密闭容器中，密封贮存	《喷涂聚脲防水涂料》GB/T 23446-2009	/
12	水泥基渗透结晶型防水涂料	外观、含水率、细度、氯离子含量、施工性、抗折强度、抗压强度、湿基面粘结强度、砂浆抗渗性能、混凝土抗渗性能	每 10 t 为一批，不足 10 t 按一批抽样	《地下防水工程质量验收规范》GB 50208-2011	抽样：每批产品随机抽样，抽取 10 kg 样品，充分混匀。取样后，将样品一分为二，一份检验，一份留样备用	《水泥基渗透结晶型防水涂料》GB 18445-2012	/
13	建筑用仿幕墙合成树脂涂层	外观、耐水性、耐碱性、拉伸粘结强度、耐候性、耐冻融、耐人工气候老化性、耐冲击性、耐沾污性	同一种类、同一级别、同一规格产品 3 000 m^2 为 1 批，不足 3 000 m^2 也作为 1 批	《地下防水工程质量验收规范》GB 50208-2011	3 kg	《建筑用仿幕墙合成树脂涂层》GB/T 29499-2013	/
14	建筑内外墙用底漆	容器中状态、施工性、低温稳定性、涂膜外观、干燥时间（表干）、耐水性、耐碱性、透水性、抗泛碱性、抗泛盐碱性、加固性能、与下道涂层的适应性、有害物质限量	每 5 t 为一批，不足 5 t 按一批抽样	《地下防水工程质量验收规范》GB 50208-2011	抽样：产品按 GB/T 3186 的规定进行取样，取样量根据检验需要而定	《建筑内外墙用底漆》JG/T 210-2018	/

（续表）

序号	产品名称	检测项目（参数）	组批规则及取样方法	相关规范、规程（取样依据）	取样方法及数量	检测标准	备注
15	环氧树脂防水涂料	外观、固体含量、干燥时间、柔韧性、粘结强度、涂层抗渗压力、耐碱性、抗冻性、耐酸性、耐盐性、抗冲击性、渗透性、初始黏度	室外涂饰工程每一栋楼的同类涂料涂饰的墙面每 1 000 m^2 应划分为一个检验批，不足 1 000 m^2 也应划分为一个检验批；室内涂饰工程同类涂料涂饰墙面每 50 间应划分为一个检验批，不足 50 间应划分为一个检验批，大面积房间和走廊可按涂饰面积每 30 m^2 计为 1 间	《地下防水工程质量验收规范》GB 50208-2011	抽样：在每批产品中，按 GB/T 3186 规定进行抽样，按配比总共抽取不少于 4 kg 样品分为 2 份，一份试验，一份备用	《环氧树脂防水涂料》JC/T 2217-2014	/
16	弹性体改性沥青防水卷材	最大峰拉力、最大峰时延伸率、不透水性、耐热性、浸水后质量增加(%)、热老化、可溶物含量、渗油性、接缝剥离强度、钉杆撕裂强度、矿物粒料粘附性、卷材下表面沥青涂盖层厚度、人工气候加速老化	对同一类别同一规格产品，每 10 000 m^2 为一批，不足 10 000 m^2 亦可按一批计	《地下防水工程质量验收规范》GB 50208-2011 《屋面工程质量验收标准》GB 50207-2012	2 m^2	《弹性体改性沥青防水卷材》GB 18242-2008	/
17	自粘聚合物改性沥青防水卷材	拉伸性能、耐热性、低温柔性、不透水性、剥离强度、钉杆水密性、渗油性、持粘性、热老化、自粘沥青再剥离强度、可溶物含量	对同一类别同一规格产品，每 10 000 m^2 为一批，不足 10 000 m^2 亦可按一批计	《地下防水工程质量验收规范》GB 50208-2011 《屋面工程质量验收标准》GB 50207-2012	2 m^2	《自粘聚合物改性沥青防水卷材》GB 23441-2009	/

（续表）

序号	产品名称	检测项目 （参数）	组批规则及 取样方法	相关规范、规程 （取样依据）	取样方法及数量	检测标准	备注
18	预铺防水卷材	拉伸性能、耐热性、低温柔性、不透水性、钉杆撕裂强度、可溶物含量、弹性恢复率、抗穿刺强度、抗冲击性能（0.5 kg·m）、抗静态荷载、渗油性、抗窜水性（水力梯度）、与后浇混凝土剥离、与后浇混凝土浸水后剥离强度、卷材与卷材剥离强度（搭接边）	对同一类别同一规格产品，每 10 000 m^2 为一批，不足 10 000 m^2 亦可按一批计	《地下防水工程质量验收规范》GB 50208-2011	2 m^2	《预铺防水卷材》GB/T 23457-2017	/
19	种植屋面用耐根穿刺弹性体改性沥青防水卷材	最大峰拉力、最大峰时延伸率、不透水性、耐热性、浸水后质量增加、热老化、可溶物含量、渗油性、接缝剥离强度、钉杆撕裂强度、矿物粒料粘附性、卷材下表面沥青涂盖层厚度、人工气候加速老化	对同一类别同一规格产品，每 10 000 m^2 为一批，不足 10 000 m^2 亦可按一批计	《屋面工程质量验收标准》GB 50207-2012	2 m^2	《种植屋面用耐根穿刺弹性体改性沥青防水卷材》JC/T 1075-2008 《种植屋面用耐根穿刺防水卷材》GB/T 35468-2017	/

第八章　电气工程

一、概述

电气工程的施工应按照设计文件和施工质量验收规范、技术标准等进行施工。主要设备、材料、成品和半成品应进场验收合格，并做好验收记录和资料归档。当设计有技术参数要求时，应核对技术参数，并应符合设计要求。

二、检测项目及相关标准规范

序号	产品名称	检测项目（参数）	组批规则及取样方法	相关规范、规程（取样依据）	取样方法及数量	检测标准	备注
1	家用和类似用途固定式电气装置的开关	标志、尺寸、防触电保护、接地措施、端子、结构要求、开关机构、耐老化、开关外壳提供的防护和防潮、绝缘电阻和电气强度、温升、通断能力、正常操作、机械强度、耐热、螺钉、载流部件和连接、爬电距离、电气间隙和穿通密封胶距离、绝缘材料的非正常耐热、耐燃和耐电痕化、防锈、电磁兼容性	同厂家、同材质、同类型的为一批	《家用和类似用途固定式电气装置的开关 第一部分：通用要求》GB 16915.1-2014	不少于 9 个	《家用和类似用途固定式电气装置的开关 第一部分：通用要求》GB 16915. 1-2014	/
2	家用和类似用途插座	标志、尺寸、防触电保护、接地措施、端子和端头、固定式插座的结构、插头和移动式插座的结构、联锁插座、耐老化、外壳提供的防护和防潮、绝缘电阻和电气强度、温升、接地触头的工作、分断容量、正常操作、机械强度、耐热、螺钉、载流部件和连接、爬电距离、电气间隙和穿通密封胶距离、绝缘材料的非正常耐热、耐燃和耐电痕化、防锈、拔出插头所需的力、软缆及其连接、带绝缘护套的插销的附加试验	同厂家、同材质、同类型的为一批	《家用和类似用途插头插座 第一部分：通用要求》GB 2099. 1-2008	不少于 6 个	《家用和类似用途插头插座 第一部分：通用要求》GB 2099. 1-2008	/

（续表）

序号	产品名称	检测项目（参数）	组批规则及取样方法	相关规范、规程（取样依据）	取样方法及数量	检测标准	备注
3	额定电压450/750 V及以下聚氯乙烯绝缘电缆	颜色和标志耐擦性、绝缘厚度、导体电阻、电压试验、绝缘电阻、机械强度、不延燃试验、热稳定性试验、热冲击试验、高温压力试验、低温弹性、绝缘低温弯曲试验	同厂家、同批次、同型号、同规格的为一批	《额定电压450/750V及以下聚氯乙烯绝缘电缆第一部分：一般要求》GB/T 5023.1-2008	30 m	《额定电压450/750V及以下聚氯乙烯绝缘电缆第一部分：一般要求》GB/T 5023.1-2008 《额定电压450/750V及以下聚氯乙烯绝缘电缆第二部分：实验方法》GB/T 5023.2-2008 《额定电压450/750V及以下聚氯乙烯绝缘电缆第三部分：固定布线用无护套电缆》GB/T 5023.3-2008 《额定电压450/750V及以下聚氯乙烯绝缘电缆第四部分：固定布线用护套电缆》GB/T 5023.4-2008 《额定电压450/750V及以下聚氯乙烯绝缘电缆第五部分：软电缆（电线）》GB/T 5023.5-2008	/
4	额定电压450/750 V及以下双层共挤绝缘辐照交联无卤低烟阻燃电线	导体结构、绝缘厚度和外径尺寸、20 ℃时导体直流电阻、导体最高工作温度下绝缘电阻、浸水耐压性能、老化前后绝缘的机械性能、热延伸性能、绝缘吸水性能、热绝缘收缩性能、低温拉伸性能、低温卷绕性能、单根电线垂直燃烧性能及电线成束燃烧性能、烟密度、燃烧气体酸度、耐火特性、毒性指数、寿命、载流量、标志清晰度和耐擦性	同厂家、同批次、同型号、同规格的为一批	《额定电压450/750V及以下双层共挤绝缘辐照交联无卤低烟阻燃电线》JG/T 441-2014	30 m	《额定电压450/750V及以下双层共挤绝缘辐照交联无卤低烟阻燃电线》JG/T 441-2014	/

（续表）

序号	产品名称	检测项目（参数）	组批规则及取样方法	相关规范、规程（取样依据）	取样方法及数量	检测标准	备注
5	建筑用绝缘电工套管	外观检查、最小壁厚、最大外径、最小外径、最小内径、抗压性能、抗冲击性能、弯曲性能、弯扁性能、跌落性能、耐热性能、电气性能、	同厂家、同批次、同型号、同规格的为一批	《建筑用绝缘电工套管及配件》JG/T 3050-1998	3 根制造长度的样品	《建筑用绝缘电工套管及配件》JG3050-1998	/
6	电气安装用金属导管	标志、尺寸、结构、机械性能、电气性能、热性能、火焰效应、电磁兼容性	同厂家、同批次、同型号、同规格的为一批	《电缆管理用导管系统第一部分：通用要求》GB/T 20041.1-2015	数量不少于 3 根，每根 1 m	《电缆管理用导管系统第一部分：通用要求》GB/T 20041.1-2015	/
7	配电箱	温升极限、介电性能、设备的裸露导电部件与保护之间的有效连接性、电气间隙和爬电距离、机械操作、结构和标志、绝缘材料的耐热能力、绝缘材料对非正常发热和着火危险的耐受能力、接线盒操作	同厂家、同批次、同型号、同规格的为一批	《低压成套开关设备和控制设备　第 3 部分：由一般人员操作的配电板（DBO）》GB 7251.3-2017	3 只	《低压成套开关设备和控制设备第 3 部分：由一般人员操作的配电板（DBO）》GB 7251.3-2017	/
8	断路器	标志的耐久性、螺钉、载流部件和连接的可靠性、连接外部导体的接线端子的可靠性、电机保护、介电性能、温升、机械和电气寿命、撞击性能、耐热性、耐异常发热和耐燃性	同厂家、同批次、同型号、同规格的为一批	《家用及类似场所用过电流保护断路器　第 1 部分：用于交流的断路器》GB/T 10963.1-2020	3 只	《家用及类似场所用过电流保护断路器　第 1 部分：用于交流的断路器》GB/T 10963.1-2020	/

第九章　建筑装修工程

第一节　抹灰工程

一、概述

抹灰工程适用于一般抹灰、保温层薄抹灰、装饰抹灰和清水砌体勾缝等分项工程的质量验收。一般抹灰工程分为普通抹灰和高级抹灰，当设计无要求时，按普通抹灰验收。一般抹灰包括水泥砂浆、水泥混合砂浆、聚合物水泥砂浆和粉刷石膏等抹灰；保温层薄抹灰包括保温层外面聚合物砂浆薄抹灰；装饰抹灰包括水刷石、斩假石、干粘石和假面砖等装饰抹灰；清水砌体勾缝包括清水砌体砂浆勾缝和原浆勾缝。抹灰工程应对下列材料及其性能指标进行复验：

(1)砂浆的拉伸粘结强度；

(2)聚合物砂浆的保水率。

二、检测项目及相关标准规范

序号	产品名称	检测项目 (参数)	组批规则及 取样方法	相关规范、规程 (取样依据)	取样方法及数量	检测标准	备注
1	干混抹灰砂浆	保水率、2 h 稠度损失率、14 d 拉伸粘结强度、28 d 抗压强度、凝结时间、压力泌水率、28 d 收缩率、抗冻性	①年产量 10×10^4 t 以上，不超过 800 t 或 1 d 产量为一批； ②年产量 $4\times10^4\sim10\times10^4$ t，不超过 600 t 或 1 d 产量为一批； ③年产量 $1\times10^4\sim4\times10^4$ t，不超过 400 t 或 1 d 产量为一批； ④年产量 1×10^4 t 以下，不超过 200 t 或 1 d 产量为一批。 每批为一取样单位，随机取样	《建筑装饰装修工程质量验收标准》GB 50210-2018	20 kg	《预拌砂浆》GB/T 25181-2019	/

（续表）

序号	产品名称	检测项目（参数）	组批规则及取样方法	相关规范、规程（取样依据）	取样方法及数量	检测标准	备注
2	岩棉薄抹灰外墙外保温系统材料—抹面胶浆	拉伸粘结强度（与岩棉板/条）（原强度、浸水强度、冻融后）、柔韧性、吸水量、抗冲击性、可操作时间	相同材料、工艺和施工条件的室外抹灰工程每 1 000 m^2 为一检验批，不足 1 000 m^2 时也应划分为一个检验批。从批次中随机抽取样品	《建筑装饰装修工程质量验收标准》GB 50210-2018	5 kg	《岩棉薄抹灰外墙外保温系统材料》JG/T 483-2015	/
3	外墙外保温工程：抹面胶浆	抹面胶粘拉伸粘结强度与保温板（原强度、浸水强度、耐冻融强度）、抹面胶粘拉伸粘结强度与保温浆料（原状态、浸水 48 h、干燥 2 h、浸水 48 h、干燥 7 d、冻融强度）	相同材料、工艺和施工条件的室外抹灰工程每 1 000 m^2 为一检验批，不足 1 000 m^2 时也应划分为一个检验批。从批次中随机抽取样品	《建筑装饰装修工程质量验收标准》GB 50210-2018	5 kg	《外墙外保温工程技术标准》JGJ 144-2019	/
4	外墙外保温用膨胀聚苯乙烯板抹面胶浆	固含量、拉伸粘结强度（原强度、耐水、耐冻融）、压折比、吸水量、烧失量、可操作时间、抗冲击性、pH	相同材料、工艺和施工条件的室外抹灰工程每 1 000 m^2 为一检验批，不足 1 000 m^2 时也应划分为一个检验批。从批次中随机抽取样品	《建筑装饰装修工程质量验收标准》GB 50210-2018	10 kg	《外墙外保温用膨胀聚苯乙烯板抹面胶浆》JC/T 993-2006	/
5	硬泡聚氨酯保温防水工程：抹面胶浆	拉伸粘结强度（与硬泡聚氨酯）（原强度、耐水强度、耐冻融融）、柔韧性、抗冲击性、吸水量、不透水性、可操作时间	相同材料、工艺和施工条件的室外抹灰工程每 1 000 m^2 为一检验批，不足 1 000 m^2 时也应划分为一个检验批。从批次中随机抽取样品	《建筑装饰装修工程质量验收标准》GB 50210-2018	5 kg	《硬泡聚氨酯保温防水工程技术规范》GB 50404-2017	/
6	模塑聚苯板薄抹灰外墙外保温系统材料：抹面胶浆	拉伸粘结强度（与模塑板）（原强度、耐水强度、耐冻融强度）、压折比、开裂应变、抗冲击性、吸水量、不透水性、可操作时间	相同材料、工艺和施工条件的室外抹灰工程每 1 000 m^2 为一检验批，不足 1 000 m^2 时也应划分为一个检验批。从批次中随机抽取样品	《建筑装饰装修工程质量验收标准》GB 50210-2018	5 kg	《模塑聚苯板薄抹灰外墙外保温系统材料》GB/T 29906-2013	/

（续表）

序号	产品名称	检测项目（参数）	组批规则及取样方法	相关规范、规程（取样依据）	取样方法及数量	检测标准	备注
7	岩棉板外墙保温系统：抹面胶浆	与砂浆试块拉伸粘结强度（标准状态、浸水后、冻融试验后）、与岩棉板拉伸粘结强度（标准状态、浸水后、冻融试验后）、与岩棉带拉伸粘结强度（标准状态、浸水后、冻融试验后）、压折比	相同材料、工艺和施工条件的室外抹灰工程每 1 000 m^2 为一检验批，不足 1 000 m^2 时也应划分为一个检验批。 从每批任抽 10 袋，从每袋中分别取试样不少于 500 g，混合均匀，按四分法缩取出比试验所需量大 1.5 倍的试样为检验样	《建筑装饰装修工程质量验收标准》GB 50210-2018	5 kg	《岩棉板外墙外保温系统》DB37/T 1887-2011	/
8	无机材料复合聚苯乙烯A级保温板薄抹灰外墙外保温系统：抹面胶浆	拉伸粘结强度（原强度、耐水、耐冻融强度）、柔韧性（压折比）、可操作时间	相同材料、工艺和施工条件的室外抹灰工程每 1 000 m^2 为一检验批，不足 1 000 m^2 时也应划分为一个检验批。 从批次中随机抽取样品	《建筑装饰装修工程质量验收标准》GB 50210-2018	5 kg	《无机材料复合聚苯乙烯 A 级保温板薄抹灰外墙外保温系统应用技术规程》DB37/T 5126-2018	/
9	挤塑聚苯板（XPS）薄抹灰外墙外保温系统材料：抹面胶浆	拉伸粘结强度（与挤塑板）（原强度、耐水强度、耐冻融强度）、压折比、抗冲击性、吸水量、可操作时间	相同材料、工艺和施工条件的室外抹灰工程每 1 000 m^2 为一检验批，不足 1 000 m^2 时也应划分为一个检验批。 从批次中随机抽取样品	《建筑装饰装修工程质量验收标准》GB 50210-2018	5 kg	《挤塑聚苯板（XPS）薄抹灰外墙外保温系统材料》GB/T 30595-2014	/
10	聚合物水泥防水砂浆	外观、凝结时间、抗渗压力、抗折强度、抗压强度、柔韧性（横向变形能力）、粘结强度、耐热性、耐碱性、抗冻性、收缩率、吸水率	相同材料、工艺和施工条件的室外抹灰工程每 1 000 m^2 应划分为一个检验批，不足 1 000 m^2 时也应划分为一个检验批	《建筑装饰装修工程质量验收标准》GB 50210-2018	在每批产品或生产线中不少于 6 个（组）取样点随机抽取。样品总质量不少于 20 kg	《聚合物水泥防水砂浆》JC/T 984-2011	/

（续表）

序号	产品名称	检测项目（参数）	组批规则及取样方法	相关规范、规程（取样依据）	取样方法及数量	检测标准	备注
11	抹灰石膏	细度（L 不做细度）、凝结时间、抗折强度、抗压强度、拉伸粘结强度、体积密度、保水率、导热系数	连续生产 100 t 为一批。从一批中随机抽取 10 袋，每袋抽取约 3 L，总共不少于 30 L。分成 3 份，一份做试验，两份备用	《建筑装饰装修工程质量验收标准》GB 50210-2018	30 L	《抹灰石膏》GB/T 28627-2012	/

第二节　门窗工程

一、概述

1. 门窗工程应对下列材料及其性能指标进行复验：

（1）人造木板门的甲醛释放量；

（2）建筑外窗的气密性、水密性和抗风压性能。

2. 检验批划分

（1）同一品种、类型和规格的木门窗、金属门窗、塑料门窗和门窗玻璃每 100 樘应划分为一个检验批，不足 100 樘也应划分为一个检验批；

（2）同一品种、类型和规格的特种门每 50 樘应划分为一个检验批，不足 50 樘也应划分为一个检验批；

（3）检查数量：木门窗、金属门窗、塑料门窗和门窗玻璃每个检验批应至少抽查 5%，并不得少于 3 樘；高层建筑外窗每个检验批应至少抽查 10%，并不得少于 6 樘；特种门每个检验批应至少抽查 50%，并不得少于 10 樘，不足 10 樘时应全数检查。

二、检测项目及相关标准规范

序号	产品名称	检测项目（参数）	组批规则及取样方法	相关规范、规程（取样依据）	取样方法及数量	检测标准	备注
1	建筑用塑料窗	抗风压性能、水密性能、气密性能、保温性能（有设计要求时）、启闭力、锁闭器（执手）的开关力、垂直荷载、焊接角破坏力、软重物撞击、遮阳、空气隔声性能	同一品种、类型和规格的木门窗、金属门窗、塑料门窗和门窗玻璃每100樘应划分为一个检验批，不足100樘也应划分为一个检验批	《建筑装饰装修工程质量验收标准》GB 50210-2018	4樘	《建筑用塑料窗》GB/T 28887-2012	/
2	铝合金窗	抗风压性能、水密性能、气密性能、保温性能（有设计要求时）、启闭力、材料、构造、装配质量、空气声隔声性能、遮阳性能、采光性能、反复启闭性能、尺寸	同一品种、类型和规格的木门窗、金属门窗、塑料门窗和门窗玻璃每100樘应划分为一个检验批，不足100樘也应划分为一个检验批	《建筑装饰装修工程质量验收标准》GB 50210-2018	4樘	《铝合金窗》GB/T 8478-2020	/
3	铝塑复合窗	抗风压性能、水密性能、气密性能、保温性能（有设计要求时）、启闭力、外观质量、尺寸允许偏差、装配质量、反复启闭、垂直荷载、软硬物冲击、空气声隔声性能	同一品种、类型和规格的木门窗、金属门窗、塑料门窗和门窗玻璃每100樘应划分为一个检验批，不足100樘也应划分为一个检验批	《建筑装饰装修工程质量验收标准》GB 50210-2018	4樘	《建筑用节能门窗 第2部分：铝塑复合门窗》GB/T 29734.2-2013	/
4	中空玻璃	露点、尺寸偏差、外观质量	采用相同材料、在同一工艺条件下生产的中空玻璃500块为一批	《建筑装饰装修工程质量验收标准》GB 50210-2018	15块（510 mm×360 mm）	《中空玻璃》GB/T 11944-2012	/

（续表）

序号	产品名称	检测项目（参数）	组批规则及取样方法	相关规范、规程（取样依据）	取样方法及数量	检测标准	备注
5	住宅外窗工程水密性现场检测	水密性现场检测	①验收抽样检测：分为普检、复检和全检； ②监督抽样检测	《住宅外窗工程水密性现场检测技术规程》DB37/T5001-2021	①验收抽样检测分为普检、复检和全检。 ②普检抽取的外窗最小数量不得低于标准规定。 ③普检外窗水密性全部合格，可进行监督抽样检测，普检外窗有1樘及以上出现水密性不合格，应进行复检。 ④复检抽取的外窗最小数量不得低于标准规定。复检外窗水密性全部合格，可进行监督抽样检测。复检外窗有1樘及以上出现水密性不合格，应进行全检。 ⑤全检仍有渗漏外窗，应再进行整改，直至全部外窗水密性现场检测合格。全检外窗水密性全部合格，可进行监督抽样检测。 ⑥监督抽样检测前，外窗工程应验收抽样检测合格，抽取的外窗最小数量不得低于标准规定。监督抽样检测外窗有1樘及以上出现水密性不合格，应进行复检	《住宅外窗工程水密性现场检测技术规程》DB37/T5001-2021	实施日期 2021-11-01

第三节　吊顶及饰面板工程

一、概述

1. 同一品种的吊顶工程每50间应划分为一个检验批，不足50间也应划分为一个检验批，大面积房间和走廊可按吊顶面积每30 m^2计为1间。

2. 面层材料应进行复验，其材质、品种、规格、图案、颜色和性能应符合设计要求及国家现行标准的有关要求。

3. 吊杆和龙骨应进行性能检验，金属吊杆和龙骨应经过表面防腐处理。

饰面板工程：石板、饰面板、陶瓷板、木板、金属板、塑料板、水泥基粘结料应进场复验，其性能指标检验中应含室内花岗岩石板的放射性、室内人造木板甲醛释放量、水泥基粘结料的粘结强度、外墙陶瓷板吸水率和抗冻性等性能指标。

后置埋件应进行现场拉拔检验，结果应符合设计要求。

满粘法施工的外墙石板和外墙陶瓷板粘结强度进行现场检验，结果符合设计或规范要求。

二、检测项目及相关标准规范

序号	产品名称	检测项目（参数）	组批规则及取样方法	相关规范、规程（取样依据）	取样方法及数量	检测标准	备注
1	纤维增强硅酸钙板 无石棉硅酸钙板	外观质量、形状偏差、尺寸偏差、表观密度、导热系数、吸水率、不燃性、不透水性、抗冻性、石棉成分、湿涨率、热雨性能、热水性能、浸泡—干燥性能抗折强度、抗冲击性	应由同类别、同规格、同强度等级的产品组成，每检验批以 3 000 张为一批，如不足 3 000张，200 张时也可组成为一批。从检验批中随机抽取 5 张板作为必检样品	《建筑装饰装修工程质量验收标准》GB 50210-2018	吸水率：80 mm × 80 mm，2 块； 不透水性：700 mm×700 mm，4 块； 抗冻性：300 mm×200 mm，2 块	《纤维增强硅酸钙板 第 1 部分：无石棉硅酸钙板》JC/T 564.1-2018	其他参数按相关方法标准要求来准备试件
2	纸面石膏板	外观质量、厚度、面密度、断裂荷载、吸水率、对角线长度差、楔形棱边断面尺寸、硬度、抗冲击性、护面纸与芯材粘接性、表面吸水量、遇火稳定性、受潮挠度、剪切力	以每 2 500 张同型号、同规格的产品为一批，不足 2 500 张时也按一批计	《建筑装饰装修工程质量验收标准》GB 50210-2018	从每批产品中随机抽取 5 张板材作为一组试样。 纵向断裂载荷：纵向 × 横向 400 mm×300 mm，5 张； 横向断裂载荷：纵向 × 横向 300 mm×400 mm，5 张； 抗冲击性和吸水率：纵向×横向 300 mm×300 mm，5 张	《纸面石膏板》GB/T 9775-2008	

（续表）

序号	产品名称	检测项目（参数）	组批规则及取样方法	相关规范、规程（取样依据）	取样方法及数量	检测标准	备注
3	纤维增强硅酸钙板 温石棉硅酸钙板	外观质量、形状偏差、尺寸偏差、表观密度、抗折强度、抗冲击性、饱和胶层剪切强度、导热系数、吸水率、不燃性、不透水性、抗冻性、湿涨率、热雨性能、热水性能、浸泡—干燥性能	应由同类别、同规格、同强度等级的产品组成，每检验批以 3 000 张为一批，如不足 3 000 张，但 200 张时也可组成为一批	《建筑装饰装修工程质量验收标准》GB 50210-2018	吸水率：80 mm×80 mm，2 块； 不透水性：700 mm×700 mm，4 块； 抗冻性：300 mm×200 mm，2 块	《纤维增强硅酸钙板第 2 部分：温石棉硅酸钙板》JC/T 564.2-2018	其他参数按相关方法标准要求来准备试件
4	建筑幕墙用铝塑复合板	铝材厚度、外观、尺寸偏差、涂层厚度和性能、弯曲强度、弯曲弹性模量、燃烧性能贯穿阻力、剪切强度、滚筒剥离强度、耐温差性、热膨胀系数、热变形温度、耐热水性	连续生产的同一品种、同一规格、同一颜色的产品 3 000 m² 为一批，不足 3 000 m² 的按一批计算	《建筑装饰装修工程质量验收标准》GB 50210-2018	燃烧性能：1 500 mm×1 000 mm，3 张； 涂层厚度：500 mm×500 mm，3 张； 尺寸偏差：100 mm×100 mm，3 张	《建筑幕墙用铝塑复合板》GB/T 17748-2016	
5	普通装饰用铝塑复合板	铝材厚度、外观、尺寸偏差、涂层厚度和性能、弯曲强度、燃烧性能	连续生产的同一品种、同一规格、同一颜色的产品 3 000 m² 为一批，不足 3 000 m² 的按一批计算	《建筑装饰装修工程质量验收标准》GB 50210-2018	铝材厚度：100 mm×100 mm，3 张； 弯曲强度：50 mm×200 mm，6 张 200 mm×50 mm，6 张； 燃烧性能：1 500 mm×1 000 mm，5 张 1 500 mm×500 mm，5 张	《普通装饰用铝塑复合板》GB/T 22412-2016	
6	金属及金属复合材料吊顶板	外观质量、尺寸偏差、铝及铝合金基材吊顶膜厚要求、板涂层附着力、耐冲击性、耐沸水性、防火性能、吊顶风载荷试验、光泽度、漆膜硬度、耐冲击性、耐酸性	以连续生产的同一品种、同一规格、同一颜色的产品 3 000 m² 为一批，不足 3 000 m² 的按一批计算	《建筑装饰装修工程质量验收标准》GB 50210-2018	附着力：50 mm×75 mm，3 张； 耐沸水性：150 mm×150 mm，3 张； 外观质量、尺寸偏差、膜厚、光泽度偏差：整张板 3 张	《金属及金属复合材料吊顶板》GB/T 23444-2009	

（续表）

序号	产品名称	检测项目（参数）	组批规则及取样方法	相关规范、规程（取样依据）	取样方法及数量	检测标准	备注
7	建筑隔墙用轻质墙板	外观质量、尺寸偏差、孔间肋厚和面层壁厚要求、抗冲击性能、抗弯破坏载荷/板自重倍数、抗压强度、吊挂力、干燥收缩值、空气声计权隔声量、耐火极限、传热系数、面密度、含水率放射性核素限量、软化系数	同一厂家生产的同一品种、同一类型的进场材料应至少抽取一组样品进行复检	《建筑装饰装修工程质量验收标准》GB 50210-2018	外观质量尺寸偏差：全板 6 块； 抗压强度：100 mm×100 mm，3 块； 软化系数：100 mm×100 mm，6 块； 面密度：整板 3 张； 含水率：100 mm×100 mm，6 块； 吊挂力：整张板 1 块	《建筑隔墙用轻质条板通用技术要求》JG/T 169-2016	其他参数按相关方法标准要求来准备试件
8	矿物棉装饰吸声板	外观质量、尺寸允许偏差、体积密度、质量含湿率、弯曲破坏载荷和热阻、燃烧性能、降噪系数、受潮挠度、放射性核素限量、甲醛释放量、石棉物相、直角偏离度	以同一原料、同一生产工艺、同一品种、稳定连续生产的产品为一个检查批。一个检查批由一个或多个均匀的交付批组成。检查批不大于一周的生产量	《建筑装饰装修工程质量验收标准》GB 50210-2018	质量含湿率：3 块（150 mm×150 mm×原厚度）； 弯曲破坏载荷：6 块（150 mm×200 mm）； 燃烧性能：根据 GB 8624-2012 规定进行； 受潮挠度：3 块（500 mm×250 mm）	《矿物棉装饰吸声板》GB/T 25998-2020	
9	建筑用轻钢龙骨	外观质量、尺寸偏差、底面和侧面的平直度、弯曲内角半径、角度偏差、表面防锈、墙体抗冲击性试验、墙体静载试验、吊顶 C 型覆面龙骨静载试验	班产量大于等于 2 000 m，以 2 000 m 同型号、同规格的轻钢龙骨为一批，班产量小于 2 000 m，以实际班产量为一批	《建筑装饰装修工程质量验收标准》GB 50210-2018	1.2 m，3 根	《建筑用轻钢龙骨》GB/T 11981-2008	/
10	铝合金 T 型龙骨	外观质量、尺寸偏差、形变量、力学性能、耐酸性、耐碱性、耐盐性、耐沸水性、挠度、维氏硬度、膜层厚度及膜层性能、色差、铅笔硬度	以 2 000 根同一品种、同一规格、同一颜色的产品为一批，不足 2 000 根的也按一批计	《建筑装饰装修工程质量验收标准》GB 50210-2018	从同一检验批中随机抽取 3 根试样，作为一组试样，进行外观质量、尺寸偏差、形变量、色差和力学性能的试验后，再裁切试件，进行其余项目试验。1.2 m，3 根	《铝合金 T 型龙骨》JC/T 2220-2014	/

第四节　轻质隔墙工程

一、概述

隔墙所用龙骨、配件、墙面板、填充材料、嵌缝材料、木材应进场复验，其品种、规格、性能和木材的含水率应符合设计要求。人造木板应进场复验，其中甲醛释放量、燃烧性能应符合设计要求。

二、检测项目及相关标准规范

序号	产品名称	检测项目（参数）	组批规则及取样方法	相关规范、规程（取样依据）	取样方法及数量	检测标准	备注
1	嵌缝石膏	细度、凝结时间、施工性、抗拉强度、保水率、打磨性、抗裂性、抗腐化性	以 50 t 同品种、同规格的产品为一批，不足 50 t 也按一批计	《建筑装饰装修工程质量验收标准》GB 50210-2018	30 L	《嵌缝石膏》JC/T 2075-2011	/
2	普通装饰用铝塑复合板	铝材厚度、外观、尺寸偏差、涂层厚度和性能、弯曲强度、燃烧性能	连续生产的同一品种、同一规格、同一颜色的产品 3 000 m^2 为一批，不足 3 000 m^2 的按一批计算	《建筑装饰装修工程质量验收标准》GB 50210-2018	铝材厚度：100 mm×100 mm，3 张； 弯曲强度：50 mm×200 mm，6 张 200 mm×50 mm，6 张； 燃烧性能：1 500 mm×1 000 mm，5 张； 1 500 mm×500 mm，5 张	《普通装饰用铝塑复合板》GB/T 22412-2016	其他参数按相关方法标准要求来准备试件
3	建筑隔墙用轻质墙板	外观质量、尺寸偏差、孔间肋厚和面层壁厚要求、抗冲击性能、抗弯破坏载荷/板自重倍数、抗压强度、吊挂力、干燥收缩值、空气声计权隔声量、耐火极限、传热系数、面密度、含水率放射性核素限量、软化系数	同一厂家生产的同一品种、同一类型的进场材料应至少抽取一组样品进行复检	《建筑装饰装修工程质量验收标准》GB 50210-2018	外观质量尺寸偏差：全板 6 块； 抗压强度：100 mm×100 mm，3 块； 软化系数：100 mm×100 mm，6 块； 面密度：整板 3 张； 含水率：100 mm×100 mm，6 块； 吊挂力：整张板 1 块	《建筑隔墙用轻质条板通用技术要求》JG/T 169-2016	

（续表）

序号	产品名称	检测项目（参数）	组批规则及取样方法	相关规范、规程（取样依据）	取样方法及数量	检测标准	备注
4	蒸压加气混凝土板	外观质量和尺寸偏差、干密度、抗压强度、干燥收缩值、抗冻性、导热系数、钢筋防锈能力、钢筋粘着力、纵向钢筋保护层厚度、结构性能	同品种、同级别的板材，以3 000块为一批，不足3 000块时亦作一批计	《建筑装饰装修工程质量验收标准》GB 50210-2018	随机抽取50块板， 尺寸偏差：6块（100 mm×100 mm×100 mm）； 干密度：3块（100 mm×100 mm×100 mm）； 抗压强度：3块（100 mm×100 mm×100 mm）； 干燥收缩率：3块（40 mm×40 mm×160 mm）； 抗冻性：3块（100 mm×100 mm×100 mm）； 钢筋防锈能力：3块（40 mm×40 mm×160 mm）； 钢筋粘着力：3块（40 mm×40 mm×160 mm）	《蒸压加气混凝土板》GB/T 15762-2020	其他参数按相关方法标准要求来准备试件

第五节　饰面砖工程

一、概述

饰面砖、水泥基粘结材料应进场复验，其中性能检验中应包含室内花岗石、瓷质饰面砖的放射性、外墙瓷质饰面砖的吸水率、抗冻性指标。

外墙饰面砖施工前，应在待施工基层上做样板，并对样板的饰面砖粘结强度进行检验，检验数量为3块饰面砖。施工完成后安排进行饰面砖粘结强度现场检验。

二、检测项目及相关标准规范

序号	产品名称	检测项目（参数）	组批规则及取样方法	相关规范、规程（取样依据）	取样方法及数量	检测标准	备注
1	非结构承载用石材胶粘剂	外观、压剪粘结强度、弯曲弹性模量、冲击韧性、适用性、对粘弯曲强度	20 t 为一个检验批，不足数量时也作为一批	《建筑装饰装修工程质量验收标准》GB 50210-2018	同一批产品随机抽取两组进行检验	《非结构承载用石材胶粘剂》JC/T 989-2016	/
2	花岗岩	外观质量、体积密度、吸水率、压缩强度、弯曲强度、耐磨性、放射性	同一工程、同一材料、同一生产厂家、同一型号、同一规格、同一批号检查一次	《建筑装饰装修工程质量验收标准》GB 50210-2018	压缩强度、体积密度、吸水率：50 mm×50 mm，10 块；抗折强度：厚度×10 mm+50 mm，宽 100 mm，5 块；耐磨性试验：50 mm×50 mm，厚度 15～55 mm，试样被磨损面的棱应磨圆至半径约为 0.8 mm 弧度，4 块	《天然花岗石建筑板材》GB/T 18601-2009	/
3	陶瓷砖胶粘剂	剪切粘结强度、拉伸粘结强度、晾置时间、滑移、浸水后的剪切粘结强度、浸水后的拉伸粘结强度、热老化后拉伸粘结强、冻融循环后拉伸粘结强度	C 类 100 t 为一批，D、R 类 10 t 为一批，不足数量时也作为一批	《建筑装饰装修工程质量验收标准》GB 50210-2018	C 类 20 kg；D 和 R 类 5 kg	《陶瓷砖胶粘剂》JC/T 547-2017	/
4	干挂石材幕墙用环氧胶粘剂	外观、拉剪强度、适用期、弯曲弹性模量、冲击强度、压剪强度	以同一品种，同一配比生产的每釜产品为一批	《建筑装饰装修工程质量验收标准》GB 50210-2018	3 kg	《干挂石材幕墙用环氧胶粘剂》JC887-2001	/

（续表）

序号	产品名称	检测项目（参数）	组批规则及取样方法	相关规范、规程（取样依据）	取样方法及数量	检测标准	备注
5	陶瓷砖	尺寸和表面质量、吸水率、断裂模数、破坏强度、抗热震性、无釉砖耐磨深度、有釉砖耐磨深度、线性热膨胀、抗冻性、摩擦系数、湿膨胀、小色差、抗冲击性、抛光砖光泽度、化学性能	相同材料、工艺和施工条件的室外饰面砖工程每 1 000 m^2应划分为一个检验批，不足 1 000 m^2 也应划分为一个检验批	《建筑装饰装修工程质量验收标准》GB 50210-2018	破坏强度、断裂模数：18 mm$<L\leqslant$48 mm，10 块；48 mm$<L\leqslant$1 000 mm，7 块；$L>$1 000 mm，5 块。 摩擦系数：100 mm×100 mm，3 块。 抗冻性：使用不少于 10 块整砖，并且其最小面积为 0.25 m^2，对大规格可进行切割，切割试件应尽可能地大。 吸水率：每种类型取 10 块整砖进行测试；如每块砖的表面积不小于 0.04 m^2 时，只需用 5 块整砖进行测试	《陶瓷砖》GB/T 4100-2015	其他参数按相关方法标准要求来准备试件
6	薄型陶瓷砖	尺寸偏差、表面质量、吸水率、破坏强度和断裂模数、耐磨性、线性热膨胀系数、抗热震性、抗釉裂性、抗冻性、地砖摩擦系数、湿膨胀、小色差、抗冲击性、光泽度、耐污染性、耐化学腐蚀性、铅和镉的溶出量、放射性核素限量	相同材料、工艺和施工条件的室外饰面砖工程每 1 000 m^2应划分为一个检验批，不足 1 000 m^2 也应划分为一个检验批	《建筑装饰装修工程质量验收标准》GB 50210-2018	尺寸和表面质量：每种类型取 10 块整砖进行测量。 无釉砖耐磨：采用整砖或合适尺寸的试样做试验。如果是小试样，试验前要将小试样用粘结剂无缝地粘在一块较大的模板上。 有釉砖耐磨：100 mm×100 mm，11 块。 破坏强度、断裂模数：18 mm$<L\leqslant$48 mm，10 块；48 mm$<L\leqslant$1 000 mm，7 块；$L>$1 000 mm，5 块。 吸水率：每种类型取 10 块整砖进行测试；如每块砖的表面积不小于 0.04 m^2 时，只需用 5 块整砖进行测试	《薄型陶瓷砖》JC/T 2195-2013	
7	饰面砖拉拔	饰面砖粘结强度（现场试验）	每 500 m^2 同类基体饰面砖为一个检验批，不足 500 m^2 应为一个检验批。每批应取不少于一组 3 个试样，每连续三个楼层应取不少于一组试样，取宜均匀分布	《建筑装饰装修工程质量验收标准》GB 50210-2018	每组 3 块	《建筑工程饰面砖粘结强度检验标准》JGJ/T 110-2017	/

第六节 涂饰工程

一、概述

水性涂料、溶剂型涂料、美术涂料应进行性能、有害物质限量检验,检验批按相关产品规范组批。

二、检测项目及相关标准规范

序号	产品名称	检测项目（参数）	组批规则及取样方法	相关规范、规程（取样依据）	取样方法及数量	检测标准	备注
1	聚合物乳液建筑防水涂料	外观、拉伸强度(无处理)、断裂延伸率(无处理)、低温柔性、不透水性、固体含量、干燥时间、处理后的拉伸强度、保持率、处理后的断裂延伸率、加热伸缩率	室外涂饰工程每一栋楼的同类涂料涂饰的墙面每 1 000 m^2 应划分为一个检验批,不足 1 000 m^2 也应划分为一个检验批;室内涂饰工程同类涂料涂饰墙面每 50 间应划分为一个检验批,不足 50 间应划分为一个检验批,大面积房间和走廊可按涂饰面积每 30 m^2 计为 1 间	《建筑装饰装修工程质量验收标准》GB 50210-2018	抽检:产品抽样按 GB/T 3186 进行。出厂检验和型式检验产品抽样时,总共取 4 kg 样品用于检验	《聚合物乳液建筑防水涂料》JC/T 864-2008	/
2	聚合物水泥防水涂料	外观、固体含量、拉伸强度(无处理、处理后)、断裂伸长率(无处理、处理后)、低温柔性、粘结强度(无处理、处理后)不透水性、抗渗性、自闭性、抗渗性			抽样:产品的液体组分抽样按 GB/T 3186 的规定进行,配套固体组分的抽样按 GB/T 12573-2008 中袋装水泥的规定进行,两组共取 5 kg 样品	《聚合物水泥防水涂料》GB/T 23445-2009	/
3	非固化橡胶沥青防水涂料	外观、固含量、粘结性能、延伸性、低温柔性、耐热性、耐碱性、闪点、热老化、耐酸性、耐碱性、耐盐性、自愈性、渗油性、应力松弛、抗窜水性			抽样:在每批产品中随机抽取两组样品,一组样品用于检验,另一组样品封存备用,每组至少 4 kg	《非固化橡胶沥青防水涂料》JC/T 2428-2017	/

（续表）

序号	产品名称	检测项目（参数）	组批规则及取样方法	相关规范、规程（取样依据）	取样方法及数量	检测标准	备注
4	水乳型沥青防水涂料	外观、固体含量、耐热度、不透水性、低温柔度、断裂伸长率、表干时间、实干时间、粘结强度、热处理低温柔度、碱处理低温柔度、紫外线处理低温柔度、热处理断裂伸长率、碱处理断裂伸长率、紫外线处理断裂伸长率	室外涂饰工程每一栋楼的同类涂料涂饰的墙面每 1 000 m^2 应划分为一个检验批，不足 1 000 m^2 也应划分为一个检验批；室内涂饰工程同类涂料涂饰墙面每 50 间应划分为一个检验批，不足 50 间应划分为一个检验批，大面积房间和走廊可按涂饰面积每 30 m^2 计为 1 间	《建筑装饰装修工程质量验收标准》GB 50210-2018	抽样：在每批产品中按 GB 3186 规定取样，总共取 2 kg 样品，放入干燥密闭容器中密封好	《水乳型沥青防水涂料》JC/T 408-2005	/
5	聚氨酯防水涂料	外观、拉伸强度、断裂伸长率、低温弯折性、不透水性、固体含量、表干时间、实干时间、流平性、撕裂强度、加热伸缩率、粘结强度、吸水率、定伸时老化、热处理、碱处理、酸处理、人工气候老化、燃烧性能、硬度（邵 AM）、耐磨性、耐冲击性、接缝动态变形能力			抽样：在每批产品中随机抽取两组样品，一组样品用于检验，另一组样品封存备用，每组至少 5 kg（多组分产品按配比抽取），抽样前产品应搅拌均匀。若采用喷涂方式取样量根据需要抽取	《聚氨酯防水涂料》GB/T 19250-2013	/
6	弹性建筑涂料	容器中状态、施工性、涂膜外观、干燥时间（表干）、对比率、低温稳定性、耐碱性、耐水性、涂层耐温变性、标准状态下拉伸强度、耐人工老化性、耐沾污性、低温柔性、断裂伸长率			抽样：产品按 GB/T 3186 的规定进行取样，取样量根据检验需要而定	《弹性建筑涂料》JG/T 172-2014	/
7	建筑内外墙用底漆	容器中状态、施工性、低温稳定性、涂膜外观、干燥时间（表干）、耐水性、耐碱性、透水性、抗泛碱性、抗泛盐碱性、加固性能、与下道涂层的适应性、有害物质限量			抽样：产品按 GB/T 3186 的规定进行取样，取样量根据检验需要而定	《建筑内外墙用底漆》JG/T 210-2018	/

（续表）

序号	产品名称	检测项目（参数）	组批规则及取样方法	相关规范、规程（取样依据）	取样方法及数量	检测标准	备注
8	合成树脂乳液外墙涂料	容器中状态、施工性、低温稳定性、干燥时间（表干）、涂膜外观、对比率、耐水性、耐碱性、耐洗刷性、涂层耐温变性、耐人工气候老化性、耐沾污性、透水性、抗泛盐碱性、与下道涂层的适应性、附着力、粉化、变色	室外涂饰工程每一栋楼的同类涂料涂饰的墙面每 1 000 m^2 应划分为一个检验批，不足 1 000 m^2 也应划分为一个检验批；室内涂饰工程同类涂料涂饰墙面每 50 间应划分为一个检验批，不足 50 间应划分为一个检验批，大面积房间和走廊可按涂饰面积每 30 m^2 计为 1 间	《建筑装饰装修工程质量验收标准》GB 50210-2018	抽样：产品按 GB/T 3186 的规定进行取样，取样量根据检验需要而定	《合成树脂乳液外墙涂料》GB/T 9755-2014	/
9	合成树脂乳液内墙涂料	容器中状态、施工性、干燥时间（表干）、涂膜外观、低温稳定性、耐碱性（24 h）、耐洗刷性、对比率、抗泛碱性			抽样：产品按 GB/T 3186 的规定进行取样，也可按商定方法取样，取样量根据检验需要而定	《合成树脂乳液内墙涂料》GB/T 9756-2018	/
10	合成树脂乳液砂壁状建筑涂料	容器中状态、施工性、涂料低温贮存稳定性、初期干燥抗裂性、干燥时间（表干）、吸水量、耐水性、耐碱性、涂层耐温变性、耐玷污性、粘结强度、耐人工气候老化性、柔韧性			抽样：产品按 GB/T 3186 的规定进行取样，取样量根据检验需要而定	《合成树脂乳液砂壁状建筑涂料》JG/T 24-2018	/
11	喷涂聚脲防水涂料	固体含量、凝胶时间、表干时间、拉伸强度、断裂伸长率、低温弯折性、不透水性、撕裂强度、加热伸缩率、粘结强度、吸水率、定伸时老化、热处理、碱处理、酸处理、盐处理、人工气候老化、硬度（邵 A）耐磨性、耐冲击性			抽样：在每批产品中按 GB/T 3186 规定取样，按配比总共取不少于 40 kg 样品。分为 2 组，放入不与涂料发生反应的干燥密闭容器中，密封贮存	《喷涂聚脲防水涂料》GB/T 23446-2009	/
12	建筑用仿幕墙合成树脂涂层	外观、耐水性、耐碱性、拉伸粘结强度、耐候性、耐冻融、耐人工气候老化性、耐冲击性、耐沾污性			按标准要求进行取样，取样数量根据检验需要来定	《建筑用仿幕墙合成树脂涂层》GB/T 29499-2013	/

第十章　建筑给水排水及采暖工程

一、概述

建筑给水排水及采暖工程主要内容包括室内给水系统安装、室内给水设备及消火栓系统安装、室内排水系统安装、室内热水供应系统安装、卫生器具安装、室内采暖系统安装、室外给排水管网与建筑中水系统安装、室外供热管网安装、供热锅炉及辅助设备安装等。

给水系统是指通过管道及辅助设备，按照建筑物和用户的生产、生活和消防的需要，有组织地输送到用水地点的网络。

排水系统是指通过管道及辅助设备，把屋面雨水及生活和生产过程所产生的污水、废水及时排放出去的网络。

建筑给水排水及采暖工程所使用的主要材料、成品、半成品、配件、器具和设备，其规格、型号及性能检测报告应符合家技术标准或设计要求，进场时应做检查验收。

二、检测项目及相关标准规范

给排水用管材

序号	产品名称	检测项目（参数）	组批规则及取样方法	相关规范、规程（取样依据）	取样方法及数量	检测标准	备注
1	冷热水用聚丙烯管材	颜色外观、规格尺寸、纵向回缩率、静液压强度、灰分、熔融温度、氧化诱导时间、颜料分散、简支梁冲击、熔体质量流动速率、静液压状态下的热稳定性、透光率、透氧率、卫生要求、系统适应性试验	同一原料、同一设备和工艺且连续生产的同一规格管材作为一批，每批数量不超过 100 t。如果生产 10 d 仍不足 100 t，则以 10 d 产量为一批	《冷热水用聚丙烯管道系统 第 2 部分：管材》GB/T 18742.2-2017	取样方法：(规格尺寸、纵向回缩率、静液压强度)取 3 根×1 m；如需检测其他项目，在 3 根×1 m 的基础上根据项目内容增加样品数量	《冷热水用聚丙烯管道系统 第 2 部分：管材》GB/T 18742.2-2017	/
2	冷热水用聚丁烯(PB)管材	颜色外观、规格尺寸、灰分、纵向回缩率、静液压强度、氧化诱导试验、颜料分散、静液压状态下的热稳定性、熔体质量流动速率变化率、透光率、透氧率、卫生要求	同一原料和工艺且连续生产的同一品种规格管材作为一批，每批数量不超过 50 t。如果生产 7 d 仍不足 50 t，则以 7 d 产量为一批	《冷热水用聚丁烯(PB)管道系统 第 2 部分：管材》GB/T 19473.2-2020	取样方法：(规格尺寸、纵向回缩率、静液压强度)取 3 根×1 m；如需检测其他项目，在 3 根×1 m 的基础上根据项目内容增加样品数量	《冷热水用聚丁烯(PB)管道系统 第 2 部分：管材》GB/T 19473.2-2020	/

（续表）

序号	产品名称	检测项目（参数）	组批规则及取样方法	相关规范、规程（取样依据）	取样方法及数量	检测标准	备注
3	给水用聚乙烯(PE)管材	外观颜色、规格尺寸、静液压强度、纵向回缩率、熔体质量流动速率、氧化诱导时间、炭黑含量、炭黑/颜料分散、灰分、断裂伸长率、耐慢速裂纹增长、卫生要求	同一混配料、同一设备和工艺且连续生产的同一规格管材作为一批，每批数量不超过 200 t。生产期 10 d 尚不足 200 t 时，则以 10 d 产量为一批。 产品以批为单位进行检验和验收	《给水用聚乙烯(PE)管道系统第2部分：管材》GB/T 13663.2-2018	取样方法：(规格尺寸、纵向回缩率、静液压强度)取 3 根×1 m；如需检测其他项目，在 3 根×1 m 的基础上根据项目内容增加样品数量	《给水用聚乙烯(PE)管道系统第2部分：管材》GB/T 13663.2-2018	/
4	给水用硬聚氯乙烯(PVC-U)管材	外观颜色、不透光性、规格尺寸、密度、维卡软化温度、纵向回缩率、二氯甲烷浸渍试验、落锤冲击试验、液压试验、系统适用性试验、卫生性能	用相同原料、配方和工艺生产的同一规格的管材作为一批。当 $d \leqslant$ 63 mm 时，每批数量不超过 50 t；当 $d >$ 63 mm 时，每批数量不超过 100 t。如果生产 7 d 仍不足批量，以 7 d 产量为一批	《给水用硬聚氯乙烯(PVC-U)管材》GB/T 10002.1-2006	取样方法：(规格尺寸、维卡软化温度、纵向回缩率、落锤冲击试验、液压试验)取 6 根×1 m；如需检测其他项目，在 6 根×1 m 的基础上根据项目内容增加样品数量	《给水用硬聚氯乙烯(PVC-U)管材》GB/T 10002.1-2006	/
5	冷热水用交联聚乙烯(PE-X)管材	颜色外观、规格尺寸、不透光性、静液压试验、静液压状态下的热稳定性试验、交联度、纵向回缩率、系统适应性试验	同一原料、配方和工艺连续生产的管材作为一批，每批数量为 15 t，不足 15 t 按一批计。一次交付可由一批或多批组成，交付时应注明批号，同一交付批号产品为一个交付检验批	《冷热水用交联聚乙烯(PE-X)管道系统第2部分：管材》GB/T 18992.2-2003	取样方法：(规格尺寸、纵向回缩率、静液压强度)取 3 根×1 m；如需检测其他项目，在 3 根×1 m 的基础上根据项目内容增加样品数量	《冷热水用交联聚乙烯(PE-X)管道系统第2部分：管材》GB/T 18992.2-2003	/
6	建筑排水用硬聚氯乙烯(PVC-U)管材	颜色外观、规格尺寸、密度、维卡软化温度、纵向回缩率、落锤冲击试验、拉伸屈服应力、断裂伸长率、系统适应性	用相同混配料和工艺生产的同一规格、同一类型的管材作为一批。当 $d \leqslant 75$ mm 时，每批数量不超过 80 000 m；75 mm $< d \leqslant$ 160 mm，每批数量不超过 50 000 m；当 160 mm $< d \leqslant$ 315 mm 时，每批数量不超过 30 000 m。如果生产 7 d 仍不足规定数量，以 7 d 产量为一批	《建筑排水用硬聚氯乙烯(PVC-U)管材》GB/T 5836.1-2018	取样方法：(规格尺寸、维卡软化温度、纵向回缩率、落锤冲击试验)取 3 根×1 m；如需检测其他项目，在 3 根×1 m的基础上根据项目内容增加样品数量	《建筑排水用硬聚氯乙烯(PVC-U)管材》GB/T 5836.1-2018	/

（续表）

序号	产品名称	检测项目（参数）	组批规则及取样方法	相关规范、规程（取样依据）	取样方法及数量	检测标准	备注
7	冷热水用耐热聚乙烯（PE-RT）管材	颜色外观、规格尺寸、灰分、氧化诱导时间、95 ℃/1 000 h 静液压试验后氧化诱导时间、颜料分散、纵向回缩率、静液压强度、静液压状态下的热稳定性、熔体质量流动速率、透光率、透氧率、耐慢速裂纹增长切口试验、卫生性能、系统适应性试验	同一原料和工艺且连续生产的同一规格管材为一批，$d_n \leqslant 250$ mm 规格的管材每批重量不超过 50 t，$d_n > 2\ 500$ mm 规格的管材每批重量不超过 100 t 如果生产 7 d 仍不足上述重量，则以 7 d 为一批	《冷热水用耐热聚乙烯（PE-RT）管道系统 第 2 部分：管材》GB/T 28799.2-2020	取样方法：（规格尺寸、纵向回缩率、静液压强度）取 3 根×1 m；如需检测其他项目，在 3 根×1 m 的基础上根据项目内容增加样品数量	《冷热水用耐热聚乙烯（PE-RT）管道系统 第 2 部分：管材》GB/T 28799.2-2020	/
8	铝塑复合压力管（搭接焊）	感观指标、结构尺寸、爆破强度、静液压强度、复合强度、卫生性能、交联度、耐化学性、耐气体组分、管环径向拉伸力、系统适用性试验	同一原料、配方和工艺连续生产的同一规格产品，每 90 km 作为一个检查批，如不足 90 km，以上述生产方式 6 d 产量为一个检查批。不足 6 d 产量，也作为一个检查批	《铝塑复合压力管（搭接焊）》CJ/T 108-2015	取样方法：（结构尺寸、爆破强度、静液压强度）取 3 根×1 m；如需检测其他项目，在 3 根×1 m 的基础上根据项目内容增加样品数量	《铝塑复合压力管（搭接焊）》CJ/T 108-2015	/
9	低压流体输送用焊接钢管	尺寸、压扁试验、镀锌层均匀性试验、拉伸试验、焊接接头拉伸试验、弯曲试验、导向弯曲试验、液压试验、超声波检验、涡流探伤检验、射线探伤检验、镀锌层重量测定、镀锌层附着力检验	钢管应按批进行检查和验收。每批应由同一牌号、同一炉号、同一规格、同一焊接工艺、同一热处理制度（如适用）和同一镀锌层（如适用）的钢管组成。每批钢管的数量应不超过如下规定： ①外径不大于 219.1 mm，每个班次生产的钢管； ②外径大于 219.1 mm 但不大于 406.4 mm，200 根； ③外径大于 406.4 mm，100 根	《低压流体输送用焊接钢管》GB/T 3091-2015	取样方法：（拉伸试验、尺寸、压扁试验、弯曲试验）取 3 根×1 m；如需检测其他项目，在 3 根×1 m 的基础上根据项目内容增加样品数量	《低压流体输送用焊接钢管》GB/T 3091-2015	/

（续表）

序号	产品名称	检测项目（参数）	组批规则及取样方法	相关规范、规程（取样依据）	取样方法及数量	检测标准	备注
10	排水用芯层发泡硬氯乙烯(PVC-U)管材	颜色外观、规格尺寸、环刚度、表观密度、扁平试验、二氯甲烷浸渍试验、落锤冲击试验、纵向回缩率、系统适应性试验	同一原料配方、同一工艺和同一规格连续生产的管材作为一批，每批数量不超过 50 t。如果生产 7 d 尚不足 50 t，则以 7 d 产量为一批	《排水用芯层发泡硬氯乙烯(PVC-U)管材》GB/T 16800-2008	取样方法：（规格尺寸、纵向回缩率、落锤冲击试验）取 3 根×1 m；如需检测其他项目，在 3 根×1 m 的基础上根据项目内容增加样品数量	《排水用芯层发泡硬氯乙烯(PVC-U)管材》GB/T 16800-2008	/
11	建筑排水用高密度聚乙烯(HDPE)管材	颜色外观、规格尺寸、炭黑含量、炭黑分散、弯曲度、静液压强度试验、纵向回缩率、熔体质量流动速率、氧化诱导时间、环刚度	用同一原料、配方和工艺连续生产的同一格管材作为一批，每批数量不超过 100 t。生产 7 d 仍不足 100 t，则以 7 d 产量为一批	《建筑排水用高密度聚乙烯(HDPE)管材及管件》CJ/T 250-2018	取样方法：（规格尺寸、静液压强度试验、纵向回缩率）取 3 根×1 m；如需检测其他项目，在 3 根×1 m 的基础上根据项目内容增加样品数量	《建筑排水用高密度聚乙烯(HDPE)管材及管件》CJ/T 250-2018	/
12	埋地用聚乙烯双壁波纹管材	外观、规格尺寸、冲击性能、环刚度、烘箱试验、环柔性、密度、氧化诱导时间、蠕变比率、系统适应性	同一批原料，同一配方和工艺情况下生产的同一规格管材为一批，管材公称尺寸≤500 mm 时，每批数量不超过 60 t，如生产数量少，生产期 7 d 尚不足 60 t，则以 7 d 产量为一批；管材公称尺寸＞500 mm 时，每批数量不超过 300 t，如生产数量少，生产期 30 d 产量尚不足 300 t，则 30 d 产量为一批	《埋地用聚乙烯(PE)结构壁管道系统第 1 部分：聚乙烯双壁波纹管材》GB/T 19472.1-2019	取样方法：（规格尺寸、冲击性能、环刚度、烘箱试验）取 3 根×1 m；如需检测其他项目，在 3 根×1 m 的基础上根据项目内容增加样品数量	《埋地用聚乙烯(PE)结构壁管道系统第 1 部分：聚乙烯双壁波纹管材》GB/T 19472.1-2019	/
13	埋地排水用硬聚氯乙烯(PVC-U)双壁波纹管材	外观、尺寸、密度、冲击性能、环刚度、烘箱试验、环柔性、蠕变比率、系统适应性	同一原料、配方和工艺连续生产的同一规格管材为一批，每批数量不超过 60 t，如生产 7 d 尚不足 60 t，则以 7 d 产量为一个交付检验批	《埋地排水用硬聚氯乙烯(PVC-U)结构壁管道系统第 1 部分：双壁波纹管材》GB/T 18477.1-2007	取样方法：（尺寸、冲击性能、环刚度、烘箱试验）取 3 根×1 m；如需检其他项目，在 3 根×1 m 的基础上根据内容增加样品数量	《埋地排水用硬聚氯乙烯(PVC-U)结构壁管道系统第 1 部分：双壁波纹管材》GB/T 18477.1-2007	/

给排水用管件

序号	产品名称	检测项目（参数）	组批规则及取样方法	相关规范、规程（取样依据）	取样方法及数量	检测标准	备注
1	冷热水用聚丙烯管件	颜色外观、规格尺寸、静液压强度、灰分、熔融温度、氧化诱导时间、颜料分散、熔体质量流动速率、静液压状态下的热稳定性、透光率、卫生要求、系统适应性试验	同一原料、同一设备和工艺且连续生产的同一规格管件作为一批。$d_n \leqslant 25$ mm 规格的管件每批不超过 50 000 个，$32 \leqslant d_n \leqslant 63$ mm 规格的管件每批不超过 20 000 个，$d_n > 63$ mm 规格的管件每批不超过 5 000 个。如果生产天仍不足上述数量，则以 7 d 为一批	《冷热水用聚丙烯管道系统 第3部分：管件》GB/T 18742.3-2017	取样方法：（规格尺寸、静液压强度）取 11 个；如需检测其他项目，在 11 个的基础上根据项目内容增加样品数量	《冷热水用聚丙烯管道系统 第3部分：管件》GB/T 18742.3-2017	/
2	给水用聚乙烯(PE)管件	颜色外观、电阻偏差、规格尺寸、静液压强度、电熔承口管件的熔接强度、带插口端的管件—对接管件的拉伸强度、电熔鞍型管件的熔接强度、鞍型旁通的冲击强度、耐内压密封性、耐外压密封性、耐弯曲密封性、耐拉拔性能、熔体质量流动速率、氧化诱导时间、灰分、卫生要求	同一混配料、设备和工艺连续生产的同一规格管件作为一批，每批数量不超过 5 000 件。同时生产周期不超过 7 d	《给水用聚乙烯(PE)管道系统 第3部分：管件》GB/T 13663.3-2018	取样方法：（规格尺寸、静液压强度）取 11 个；如需检测其他项目，在 11 个的基础上根据项目内容增加样品数量	《给水用聚乙烯(PE)管道系统 第3部分：管件》GB/T 13663.3-2018	/
3	建筑排水用硬聚氯乙烯(PVC-U)管件	颜色外观、规格尺寸、密度、维卡软化温度、烘箱试验、坠落试验、系统适应性、铅含量	同一原料、同一设备和工艺且连续生产的同一规格管件作为一批。$d_n \leqslant 25$ mm 规格的管件每批不超过 50 000 个，$32 \leqslant d_n \leqslant 63$ mm 格的管件每批不超过 20 000 个，$d_n > 63$ mm 规格的管件每批不超过 5 000 个。如果生产 7 d 仍不足上述数量，则以 7 d 为一批	《建筑排水用硬聚氯乙烯(PVC-U)管件》GB/T 5836.2-2018	取样方法：（规格尺寸、维卡软化温度、烘箱试验、坠落试验）取 11 个；如需检测其他项目，在 11 个的基础上根据项目内容增加样品数量	《建筑排水用硬聚氯乙烯(PVC-U)管件》GB/T 5836.2-2018	/

（续表）

序号	产品名称	检测项目（参数）	组批规则及取样方法	相关规范、规程（取样依据）	取样方法及数量	检测标准	备注
4	冷热水用聚丁烯(PB)管件	颜色外观、规格尺寸、静液压强度、灰分、氧化诱导时间、颜料分散、静液压状态下的热稳定性、熔体质量流动速率变化率、透光率、卫生要求、系统适应性试验	同一原料和工艺且连续生产的同一品种规格的管件作为一批。$d_n \leqslant 32$ mm 规格的管件每批不超过 20 000 个，32 mm$< d_n \leqslant 75$ mm 规格的管件每批不超过 10 000 个，$d_n > 75$ mm 规格的管件每批不超过 5 000 个。如果生产 7 d 仍不足上述数量，则以 7 d 产量为一批	《冷热水用聚丁烯(PB)管道系统 第 3 部分：管件》GB/T 19473.3-2020	取样方法：(规格尺寸、静液压强度)取 11 个；如需检测其他项目，在 11 个的基础上根据项目内容增加样品数量	《冷热水用聚丁烯(PB)管道系统 第 3 部分：管件》GB/T 19473.3-2020	/

阀门

序号	产品名称	检测项目（参数）	组批规则及取样方法	相关规范、规程（取样依据）	取样方法及数量	检测标准	备注
1	铁制和铜制螺纹连接阀门	壳体强度、密封试验、阀体壁厚、阀杆直径、两端管螺纹轴线角偏差、启闭灵活性、闸板位置、外观质量、管螺纹精度、材质、安装性能、卫生性能	同牌号、同型号、同规格为一批	《铁制和铜制螺纹连接阀门》GB/T 8464-2008《建筑给水排水及采暖工程施工质量验收规范》GB 50242-2002	取样方法：从已供给用户但未使用的并且保持出厂状态的阀门中随机抽取 3 台	《铁制和铜制螺纹连接阀门》GB/T 8464-2008	/

散热器

序号	产品名称	检测项目 （参数）	组批规则及 取样方法	相关规范、规程 （取样依据）	取样方法及数量	检测标准	备注
1	铸铁采暖散热器	热工性能、压力、机械加工质量、铸造质量、涂层质量、组装	同厂家、同型号、同规格为一批	《铸铁采暖散热器》GB/T 19913-2018 《建筑给水排水与采暖工程施工质量验收规范》GB 50242-2002	取样方法： 批量数 抽取数 91～150 5 151～280 8 281～500 13 501～1 200 20	《铸铁采暖散热器》GB/T 19913-2018	/
2	钢制采暖散热器	压力试验、标准散热量试验、金属热强度试验、材质检验、焊接质量检验、螺纹质量检验、涂层质量检验、外形尺寸与极限偏差检验、形位公差检验	同厂家、同型号、同规格为一批	《钢制采暖散热器》GB 29039-2012 《建筑给水排水与采暖工程施工质量验收规范》GB 50242-2002	①批量小于100组时，同一型号抽样数量不少于1组。 ②批量大于或等于100组时，同一型号抽样数量不小于2组且不小于该型号总量的1%。同一型号抽样数量不超过5组。 ③标准散热量和金属热强度从所抽样品中任选一组进行检验	《钢制采暖散热器》GB 29039-2012	/
3	钢铝复合散热器	压力试验、名义散热量、胀接质量、焊接质量、螺纹质量、外形尺寸、形位公差、涂层附着力、涂层耐冲击性、涂层表面质量	同厂家、同型号、同规格为一批	《钢铝复合散热器》GB/T 31542-2015 《建筑给水排水与采暖工程施工质量验收规范》GB 50242-2002	取样方法： 批量数 抽取数 91～150 5 151～280 8	《钢铝复合散热器》GB/T 31542-2015	/
4	卫浴型散热器	压力试验、金属热强度、材料管径或壁厚、焊接质量、螺纹精度、进出水口中心距极限偏差、涂层附着力、涂层耐冲击性能、涂层耐水性、涂层表面质量	同厂家、同型号、同规格为一批	《卫浴型散热器》JG 232-2008 《建筑给水排水与采暖工程施工质量验收规范》GB 50242-2002	取样方法： 批量数 抽取数 91～150 5 151～280 8 281～500 13 501～1 200 20	《卫浴型散热器》JG 232-2008	/

室内给水管道的水压试验

序号	产品名称	检测项目（参数）	组批规则及取样方法	相关规范、规程（取样依据）	取样方法及数量	检测标准	备注
1	承压管道系统水压试验	水压试验	/	《建筑给水排水与采暖工程施工质量验收规范》GB 50242-2002	/	《建筑给水排水与采暖工程施工质量验收规范》GB 50242-2002	/

第十一章　通风与空调工程

一、概述

通风工程是指送风、排风、防排烟、除尘和气力输送系统工程的总称。

空调工程是指舒适性空调、恒温恒湿空调和洁净室空气净化及空气调节系统工程的总称。

二、检测项目及相关标准规范

序号	产品名称	检测项目（参数）	组批规则及取样方法	相关规范、规程（取样依据）	取样方法及数量	检测标准	备注
1	通风与空调工程（现场检测）	系统总风量、风口风量、空调系统冷水总流量、空调机组水流量、室内温度、风管漏风量	参照现行国家标准 GB/T 2828.11 和 GB/T 2828.4，对工程施工质量检验批的抽样检验，本规范规定产品合格率≥95%的抽样方案，定为第 1 抽样方案，根据检验批总体中不合格品数的上限值（DQL）和该检验批产品样品总数量（N），对主控项目验收	《建筑节能工程施工质量验收标准》GB 50411-2019 《通风与空调工程施工质量验收规范》GB 50243-2016	按照规范 GB 50243-2016 中表 B.0.2-1 确定抽样数量 n	《采暖通风与空气调节工程检测技术规程》JGJ/T 260-2011	系统抽样由建设（监理）、施工单位、检测单位共同选取
2	通风与空调工程	风机盘管机组的供冷量、供热量、风量、水阻力、功率及噪声 绝热材料的导热系数或热阻、密度、吸水率 室内空气洁净度等级	按照标准 GB 50411-2019 中要求取样。 室内空气洁净度等级按照规范 GB 50243-2016 中表 D.4.3 规定取样	《建筑节能工程施工质量验收标准》GB 50411-2019 《通风与空调工程施工质量验收规范》GB 50243-2016	按照结构形式抽样，同厂家的风机盘管机组数量≤500 台时，抽检 2 台；每增加 1 000 台时应增加抽检 1 台。同工程项目、同施工单位且同期施工的多个单位工程可合并计算。 同厂家、同材质的绝热材料，复检次数不得少于 2 次。 空气洁净度每个洁净室（区）最少采样次数为 3 次。当洁净区仅有一个采样点时，该点采样不应小于 3 次	《采暖通风与空气调节工程检测技术规程》JGJ/T 260-2011	

第十二章　建筑节能工程

第一节　墙体节能工程

一、概述

建筑节能是一项综合性的系统工程，其重点是围护结构的节能，而外墙在围护结构中所占的比例较大，外墙保温分内保温和外保温。墙体节能检测包括保温隔热材料、保温板、保温隔热砂浆、保温浆料、网格布、镀锌电焊网、围护结构传热系数等。

二、检测项目及相关标准规范

序号	产品名称	检测项目（参数）	组批规则及取样方法	相关规范、规程（取样依据）	取样方法及数量	检测标准	备注
1	绝热用模塑聚苯乙烯泡沫塑料	密度、压缩强度或抗压强度、导热系数或热阻、燃烧性能（不燃材料除外）、垂直于板面方向的抗拉强度、吸水率、尺寸稳定性、水蒸气透过系数、熔结性、尺寸偏差	同厂家、同品种产品，按扣除门窗洞口后的保温墙面面积所使用的材料用量，在 5 000 m^2 以内应复检 1 次；面积每增加 5 000 m^2 应增加一次	《建筑节能工程施工质量验收标准》GB 50411-2019	同一规格产品，600 mm×600 mm 时不少于 32 块，其余尺寸产品根据实际情况选择数量	《绝热用模塑聚苯乙烯泡沫塑料》GB/T 10801.1-2002 《模塑聚苯板薄抹灰外墙外保温系统材料》GB/T 29906-2013 《外墙外保温工程技术标准》JGJ 144-2019 《胶粉聚苯颗粒外墙外保温系统材料》JG/T 158-2013	根据具体情况选择标准
2	绝热用挤塑聚苯乙烯泡沫塑料（XPS）	密度、压缩强度或抗压强度、导热系数或热阻、燃烧性能（不燃材料除外）、垂直于板面方向的抗拉强度、吸水率、尺寸稳定性、尺寸偏差				《绝热用挤塑聚苯乙烯泡沫塑料》GB/T 10801.2-2018 《挤塑聚苯板（XPS）薄抹灰外墙外保温系统材料》GB/T 30595-2014 《外墙外保温工程技术标准》JGJ 144-2019 《胶粉聚苯颗粒外墙外保温系统材料》JG/T 158-2013	

（续表）

序号	产品名称	检测项目（参数）	组批规则及取样方法	相关规范、规程（取样依据）	取样方法及数量	检测标准	备注
3	保温隔热砂浆	密度、导热系数或热阻、压缩强度或抗压强度、吸水率、燃烧性能（不燃材料除外）、蓄热系数、软化系数、压剪粘结强度、线性收缩率、放射性、抗拉强度	同厂家、同品种产品，按照扣除门窗洞口后的保温墙面面积所使用的材料用量，在 5 000 m^2 以内应复检 1 次；面积每增加 5 000 m^2 应增加一次	《建筑节能工程施工质量验收标准》GB 50411-2019	同一规格产品不少于 25 kg	《膨胀玻化微珠保温隔热砂浆》GB/T 26000-2010 《膨胀玻化微珠轻质砂浆》JG/T 283-2010 《胶粉聚苯颗粒外墙外保温系统材料》JG/T 158-2013 《建筑保温砂浆》GB/T 20473-2006 《岩棉板外墙外保温系统》DB37/T 1887-2011	根据具体情况选择标准
4	岩棉及其制品	密度、压缩强度或抗压强度、导热系数或热阻、燃烧性能（不燃材料除外）、垂直于板面方向的抗拉强度、吸水率、剪切强度、剪切模量、水蒸气透过性能			同一规格产品不少于 5 块	《建筑外墙外保温用岩棉制品》GB/T 25975-2018 《建筑用岩棉绝热制品》GB/T 19686-2015 《绝热用岩棉、矿渣棉及其制品》GB/T 11835-2016 《岩棉板外墙外保温系统》DB37/T 1887-2011 《建筑外墙外保温防火隔离带用岩棉带》JGJ 289-2012 《岩棉薄抹灰外墙外保温系统材料》JG/T 483-2015	
5	玻璃棉及其制品	密度、压缩强度或抗压强度、导热系数或者热阻、燃烧性能（不燃材料除外）、垂直于板面方向的抗拉强度、吸水率、尺寸及偏差、纤维平均直径、含水率、管壳偏心度			同一规格产品不少于 5 块	《绝热用玻璃棉及其制品》GB/T 13350-2017 《建筑绝热用玻璃棉制品》GB/T 17795-2019	

（续表）

序号	产品名称	检测项目（参数）	组批规则及取样方法	相关规范、规程（取样依据）	取样方法及数量	检测标准	备注
6	抹面材料	抹面材料拉伸粘结强度和压折比、固含量、烧失量、可操作时间、抗裂性	同厂家、同品种产品，按照扣除门窗洞口后的保温墙面面积所使用的材料用量，在 5 000 m^2 以内应复检 1 次；面积每增加 5 000 m^2 应增加一次	《建筑节能工程施工质量验收标准》GB 50411-2019	同一规格产品不少于 5 kg	《外墙外保温工程技术标准》JGJ 144-2019 《胶粉聚苯颗粒外墙外保温系统材料》JG/T 158-2013 《模塑聚苯板薄抹灰外墙外保温系统材料》GB/T 29906-2013 《挤塑聚苯板(XPS)薄抹灰外墙外保温系统材料》GB/T 30595-2014 《外墙外保温用膨胀聚苯乙烯板抹面胶浆》JC/T 993-2006 《岩棉板外墙外保温系统》DB37/T 1887-2011	根据具体情况选择标准
7	粘结材料	粘结材料拉伸粘结强度、固含量、烧失量、可操作时间、抗裂性			同一规格产品不少于 5 kg	《外墙外保温工程技术标准》JGJ 144-2019 《胶粉聚苯颗粒外墙外保温系统材料》JG/T 158-2013 《模塑聚苯板薄抹灰外墙外保温系统材料》GB/T 29906-2013 《挤塑聚苯板(XPS)薄抹灰外墙外保温系统材料》GB/T 30595-2014 《墙体保温用膨胀聚苯乙烯板胶粘剂》JC/T 992-2006 《岩棉板外墙外保温系统》DB37/T 1887-2011	
8	建筑绝热用硬质聚氨酯泡沫塑料	密度、压缩强度或抗压强度、导热系数或者热阻、燃烧性能（不燃材料除外）、垂直于板面方向的抗拉强度、吸水率、尺寸稳定性、水蒸气透过系数、压缩蠕变、尺寸偏差			同一规格产品不少于 32 块	《建筑绝热用硬质聚氨酯泡沫塑料》GB/T 21558-2008 《硬泡聚氨酯保温防水工程技术规范》GB 50404-2017	/

（续表）

序号	产品名称	检测项目 （参数）	组批规则及 取样方法	相关规范、规程 （取样依据）	取样方法及数量	检测标准	备注
9	喷涂硬质聚氯酯泡沫塑料	密度、压缩强度或抗压强度、导热系数或热阻、燃烧性能（不燃材料除外）、垂直于板面方向的抗拉强度、吸水率、尺寸稳定性、水蒸气透过系数、粘结性、尺寸偏差	同厂家、同品种产品，按照扣除门窗洞口后的保温墙面面积所使用的材料用量，在 5 000 m^2 以内应复检 1 次；面积每增加 5 000 m^2 应增加一次	《建筑节能工程施工质量验收标准》GB 50411-2019	同一规格产品不少于 32 块	《喷涂硬质聚氯酯泡沫塑料》GB/T 20219-2015	/
10	玻纤网	玻纤网的力学性能、耐腐蚀性能、单位面积质量			同一规格产品不少于 2 m^2	《外墙外保温工程技术标准》JGJ 144-2019 《胶粉聚苯颗粒外墙外保温系统材料》JG/T 158-2013 《模塑聚苯板薄抹灰外墙外保温系统材料》GB/T 29906-2013 《耐碱玻璃纤维网布》JC/T 841-2007 《挤塑聚苯板（XPS）薄抹灰外墙外保温系统材料》GB/T 30595-2014 《岩棉板外墙外保温系统》DB37/T 1887-2011	根据具体情况选择标准
11	镀锌电焊网	增强网的力学性能、耐腐蚀性能、纬线垂直度、弧形边、断丝脱焊、网孔偏差			同一规格产品不少于 2 m^2	《镀锌电焊网》GB/T 33281-2016 《胶粉聚苯颗粒外墙外保温系统材料》JG/T 158-2013 《岩棉板外墙外保温系统》DB37/T 1887-2011	
12	柔性泡沫橡塑绝热制品	密度、压缩强度或抗压强度、导热系数或者热阻、燃烧性能（不燃材料除外）、垂直于板面方向的抗拉强度、吸水率、尺寸稳定性、压缩回弹率、抗老化性、透湿性能、真空吸水性			同一规格产品不少于 32 块	《柔性泡沫橡塑绝热制品》GB/T 17794-2008	/

（续表）

序号	产品名称	检测项目（参数）	组批规则及取样方法	相关规范、规程（取样依据）	取样方法及数量	检测标准	备注
13	水泥基泡沫保温板	密度、压缩强度或抗压强度、导热系数或者热阻、燃烧性能（不燃材料除外）、垂直于板面方向的抗拉强度、吸水率、干燥收缩值、软化系数、碳化系数、尺寸偏差、放射性	同厂家、同品种产品，按照扣除门窗洞口后的保温墙面面积所使用的材料用量，在 5 000 m^2 以内应复检 1 次；面积每增加 5 000 m^2 应增加一次	《建筑节能工程施工质量验收标准》GB 50411-2019	同一规格产品不少于 32 块	《水泥基泡沫保温板》JC/T 2200-2013	/
14	建筑用真空绝热板	密度、压缩强度或抗压强度、导热系数或者热阻、燃烧性能（不燃材料除外）、垂直于板面方向的抗拉强度、吸水率、穿刺强度、表面吸水量、穿刺后垂直于板面方向的膨胀率、耐久性				《建筑用真空绝热板》JG/T 438-2014 《建筑用真空绝热板应用技术规程》JGJ/T 416-2017 《真空绝热板外墙外保温工程》DB22/T 5018-2019	根据具体情况选择检测标准
15	热固复合聚苯乙烯泡沫保温板	密度、压缩强度或抗压强度、导热系数或者热阻、燃烧性能（不燃材料除外）、垂直于板面方向的抗拉强度、吸水率、尺稳定性、弯曲强度、透湿系数、烧损强度				《热固复合聚苯乙烯泡沫保温板》JG/T 536-2017	/
16	难燃胶合板	燃烧性能（不燃材料除外）、含水率、胶合强度、浸渍剥离试验、表面胶合强度				《难燃胶合板》GB/T 18101-2013	/

第二节 门窗节能工程

一、概述

门窗节能工程适用于金属门窗、塑料门窗、木门窗、各种复合门窗、特种门窗及天窗等建筑外门窗节能工程。

二、检测项目及相关标准规范

序号	产品名称	检测项目（参数）	组批规则及取样方法	相关规范、规程（取样依据）	取样方法及数量	检测标准	备注
1	平板玻璃	遮阳系数、可见光透射比、可见光反射比	同一规格产品	《建筑节能工程施工质量验收标准》GB 50411-2019	50 mm×50 mm，8 块	《平板玻璃》GB 11614-2009	/
2	中空玻璃	露点	500 块		510 mm×360 mm，15 块	《中空玻璃》GB/T 11944-2012	/
3	门窗三性	气密性能、水密性能、抗风压性能	同一厂家的同材质、类型和型号的门窗每 100 樘划分为一个检验批；同一厂家的同材质、类型和型号的特种门窗每 50 樘划分为一个检验批；异形或有特殊要求的门窗检验批的划分也可根据其特点和数量，由施工单位与监理单位协商确定		4 樘	《建筑外门窗气密、水密、抗风压性能检测方法》GB/T 7106-2019	/
4	门窗保温	传热系数			1 樘	《建筑外门窗保温性能检测方法》GB/T 8484-2020	/

第三节 屋面和地面节能工程

一、概述

屋面和地面施工采用板材、现浇、喷涂等保温隔热做法施工，要基层质量验收合格后施工。

屋面和地面节能检测包括保温隔热材料、保温板、保温隔热砂浆、保温浆料、网格布、镀锌电焊网等。

二、检测项目及相关标准规范

序号	产品名称	检测项目（参数）	组批规则及取样方法	相关规范、规程（取样依据）	取样方法及数量	检测标准	备注
1	绝热用挤塑聚苯乙烯泡沫塑料(XPS)	密度、压缩强度或抗压强度、导热系数或热阻、燃烧性能（不燃材料除外）、吸水率、垂直于板面方向的抗拉强度、尺寸稳定性、尺寸偏差	同厂家、同品种产品，扣除天窗、采光顶后的屋面面积或者地面面积在1 000 m^2以内应复验1次；面积每增加1 000 m^2应增加一次	《建筑节能工程施工质量验收标准》GB 50411-2019	同一规格产品不少于32块	《绝热用挤塑聚苯乙烯泡沫塑料》GB/T 10801.2-2018 《挤塑聚苯板（XPS）薄抹灰外墙外保温系统材料》GB/T 30595-2014 《外墙外保温工程技术标准》JGJ 144-2019 《胶粉聚苯颗粒外墙外保温系统材料》JG/T 158-2013	/
2	保温隔热砂浆	密度、导热系数或热阻、压缩强度或抗压强度、吸水率、燃烧性能（不燃材料除外）、蓄热系数、软化系数、压剪粘结强度、线性收缩率、放射性、抗拉强度			同一规格产品不少于25 kg	《膨胀玻化微珠保温隔热砂浆》GB/T 26000-2010 《膨胀玻化微珠轻质砂浆》JG/T 283-2010 《胶粉聚苯颗粒外墙外保温系统材料》JG/T 158-2013 《建筑保温砂浆》GB/T 20473-2006 《岩棉板外墙外保温系统》DB37/T 1887-2011	/
3	岩棉及其制品	密度、压缩强度或抗压强度、导热系数或热阻、燃烧性能（不燃材料除外）、吸水率、垂直于板面方向的抗拉强度、剪切强度、剪切模量、水蒸气透过性能	同厂家、同品种产品，扣除天窗、采光顶后的屋面面积或者地面面积在1 000 m^2以内应复验1次；面积每增加1 000 m^2应增加一次	《建筑节能工程施工质量验收标准》GB 50411-2019	同一规格产品不少于5块	《建筑外墙外保温用岩棉制品》GB/T 25975-2018 《建筑用岩棉绝热制品》GB/T 19686-2015 《绝热用岩棉、矿渣棉及其制品》GB/T 11835-2016 《岩棉板外墙外保温系统》DB37/T 1887-2011 《建筑外墙外保温防火隔离带用岩棉带》JGJ 289-2012 《岩棉薄抹灰外墙外保温系统材料》JG/T 483-2015	/
4	玻璃棉及其制品	密度、压缩强度或抗压强度、导热系数或者热阻、燃烧性能（不燃材料除外）、吸水率、垂直于板面方向的抗拉强度、尺寸及偏差、纤维平均直径、含水率、管壳偏心度				《绝热用玻璃棉及其制品》GB/T 13350-2017 《建筑绝热用玻璃棉制品》GB/T 17795-2019	/

第四节　供暖节能工程

一、概述

本节适用于室内集中供暖系统节能工程施工质量验收。验收批划分可按 GB 50411 第 3.4.1 条的规定执行，也可按系统或楼层，由施工单位与监理单位协商确定。

供暖节能工程使用的散热器和保温材料进场时，应对其下列性能进行复验，复验应为见证取样检验：

(1)散热器的单位散热量、金属热强度；

(2)保温材料的导热系数或热阻、密度、吸水率。

二、检测项目及相关标准规范

序号	产品名称	检测项目（参数）	组批规则及取样方法	相关规范、规程（取样依据）	取样方法及数量	检测标准	备注
1	散热器	单位散热量、金属热强度	同厂家、同材质的散热器，数量在 500 组及以下时，抽检 2 组；当数量每增加 1 000 组时应增加抽检 1 组。同工程项目、同施工单位且同期施工的多个单位工程可合并计算。当符合 GB 50411 第 3.2.3 条规定时，检验批容量可以扩大一倍	《建筑节能工程施工质量验收标准》GB 50411-2019	同厂家、同材质的散热器，数量在 500 组及以下时，抽检 2 组；当数量每增加 1 000组时应增加抽检 1 组	/	/
2	保温材料	导热系数或热阻、密度、吸水率	同厂家、同材质的绝热材料，复验次数不得少于 2 次	《建筑节能工程施工质量验收标准》GB 50411-2019	同厂家、同材质的绝热材料，复验次数不得少于 2 次	《绝热材料稳态热阻及有关特性的测定 防护热板法》GB/T 10294-2008 《泡沫塑料及橡胶 表观密度的测定》GB/T 6343-2009 《硬质泡沫塑料吸水率的测定》GB/T 8810-2005	/

第五节 通风与空调节能工程

一、概述

本节适用于通风与空调系统节能工程施工质量验收。检验批划分可按 GB 50411 第 3.4.1 条的规定执行，也可按系统或楼层，由施工单位与监理单位协商确定。

通风与空调节能工程使用的风机盘管机组和绝热材料进场时，应对其下列性能进行复验，复验应为见证取样检验：

(1)风机盘管机组的供冷量、供热量、风量、水阻力、功率及噪声；

(2)绝热材料的导热系数或热阻、密度、吸水率。

二、检测项目及相关标准规范

序号	产品名称	检测项目（参数）	组批规则及取样方法	相关规范、规程（取样依据）	取样方法及数量	检测标准	备注
1	风机盘管机组	供冷量、供热量、风量、水阻力、功率及噪声	按结构形式抽检，同厂家的风机盘管机组数量在 500 台及以下时，抽检 2 台；每增加 1 000 台时应增加抽检 1 台。同工程项目、同施工单位且同期施工的多个单位工程可合并计算。当符合 GB 50411 第 3.2.3 条规定时，检验批容量可以扩大一倍	《建筑节能工程施工质量验收标准》GB 50411-2019	按结构形式抽检，同厂家的风机盘管机组数量在 500 台及以下时，抽检 2 台；每增加 1 000 台时应增加抽检 1 台	/	/
2	绝热材料	导热系数或热阻、密度、吸水率	同厂家、同材质的绝热材料，复验次数不得少于 2 次	《建筑节能工程施工质量验收标准》GB 50411-2019	同厂家、同材质的绝热材料，复验次数不得少于 2 次	《绝热材料稳态热阻及有关特性的测定 防护热板法》GB/T 10294-2008 《泡沫塑料及橡胶 表观密度的测定》GB/T 6343-2009 《硬质泡沫塑料吸水率的测定》GB/T 8810-2005	/

第六节 空调与供暖系统冷热源及管网节能工程

一、概述

空调与供暖系统冷热源及管网节能工程的预制绝热管道、绝热材料进场时，应对绝热材料的导热系数或热阻、密度、吸水率等性能进行复验，复验应为见证取样检验。同厂家、同材质的绝热材料，复验次数不得少于2次。

二、检测项目及相关标准规范

序号	产品名称	检测项目（参数）	组批规则及取样方法	相关规范、规程（取样依据）	取样方法及数量	检测标准	备注
1	绝热材料	导热系数、热阻、密度、吸水率	同厂家、同材质的绝热材料，复验次数不得少于2次	《建筑节能工程施工质量验收标准》GB 50411-2019	同厂家、同材质的绝热材料，复验次数不得少于2次	《绝热材料稳态热阻及有关特性的测定 防护热板法》GB/T 10294-2008 《泡沫塑料及橡胶 表观密度的测定》GB/T 6343-2009 《硬质泡沫塑料吸水率的测定》GB/T 8810-2005	/

第七节 配电与照明节能工程

一、概述

本节适用于配电与照明节能工程施工质量的验收。可按GB 50411第3.4.1条到的规定进行检验批划分，也可按照系统、楼层、建筑分区，由施工单位与监理单位协商确定。

配电与照明节能工程使用的照明光源、照明灯具及其附属装置等进场时，应对其下列性能进行复验，复验应为见证取样检验：

(1)照明光源初始光效；

(2)照明灯具镇流器能效值；

(3)照明灯具效率；

(4)照明设备功率、功率因数和谐波含量值。

检验方法：现场随机抽样检验；核查复验报告。

低压配电系统使用的电线、电缆进场时，应对其导体电阻值进行复验，复验应为见证取样检验。检验方法：现场随机抽样检验；核查复验报告。

二、检测项目及相关标准规范

序号	产品名称	检测项目（参数）	组批规则及取样方法	相关规范、规程（取样依据）	取样方法及数量	检测标准	备注
1	照明灯具	光源初始光效、镇流器能效值、灯具效率、设备功率、功率因数和谐波含量值	同厂家的照明光源、镇流器、灯具、照明设备，数量≤200 套(个)，抽检 2 套(个)；数量在 201～2 000 套(个)时，抽检 3 套(个)；2 000套(个)以上时，每增加 1 000 套(个)时应增加抽检 1 套(个)。同工程项目、同施工单位且同期施工的多个单位工程可合并计算。在同一工程项目中，同厂家、同类型、同规格的节能材料、构件和设备，当获得建筑节能产品认证、具有节能标识或连续三次见证取样检验均一次检验合格时，其检验批的容量可扩大一倍，且仅可扩大一倍。扩大检验批后的检验中出现不合格情况时，应按扩大前的检验批重新验收，且该产品不得再次扩大检验批容量	《建筑节能工程施工质量验收标准》GB 50411-2019	同厂家的照明光源、镇流器、灯具、照明设备，数量在 200 套(个)及以下时，抽检 2 套(个)；数量在 201 套(个)～2 000 套(个)时，抽检 3 套(个)；当数量在 2 000 套(个)以上时，每增加 1 000 套(个)时应增加抽检 1 套(个)	《灯具 第 2-3 部分：特殊要求 道路与街路照明灯具》GB 7000.203-2013	/
2	电线电缆	导体电阻值	同厂家各种规格总数的 10%，且不少于 2 个规格	《建筑节能工程施工质量验收标准》GB 50411-2019	同厂家各种规格总数的 10%，且不少于 2 个规格	《电缆的导体》GB/T 3956-2008	/

第八节　太阳能光热系统节能工程

一、概述

太阳能光热系统节能工程是指太阳能生活热水系统、太阳能供暖系统和太阳能热水器系统。太阳能光热系统是由集热、贮热、循环、供水、辅助能源、控制系统组成。

二、检测项目及相关标准规范

序号	产品名称	检测项目（参数）	组批规则及取样方法	相关规范、规程（取样依据）	取样方法及数量	检测标准	备注
1	太阳能集热器、太阳能热水器	热性能	同厂家、同类型的太阳能集热器或太阳能热水器数量在 200 台及以下时，抽检 1 台（套）；200 台以上抽检 2 台（套）。同工程项目、同施工单位且同期施工的多个单位工程可合并计算	《建筑节能工程施工质量验收标准》GB 50411-2019	1 台	《家用太阳热水系统热性能试验方法》GB/T 18708-2002	/
2	绝热用喷涂硬质聚氨酯泡沫塑料	导热系数或热阻、密度、吸水率			600 mm×600 mm，32 块	《绝热用喷涂硬质聚氨酯泡沫塑料》GB/T 20219-2015	/

第九节　建筑节能工程现场检验

一、概述

建筑围护结构节能工程施工完成后，应对围护结构的外墙节能构造或外墙传热系数进行现场实体检验。

外墙节能构造的现场实体检验应包括墙体保温材料的种类、保温层厚度和保温构造做法。

外墙节能构造、外墙传热系数、外窗气密性能现场实体检验的抽样数量应符合下列规定：

(1)外墙节能构造实体检验应按单位工程进行，每种节能构造的外墙检验不得少于 3 处，每处检查一个点；

(2)外窗气密性能现场实体检验应按单位工程进行，每种材质、开启方式、型材系列的外窗检验不得少于 3 樘；

(3)同工程项目、同施工单位且同期施工的多个单位工程，可合并计算建筑面积；每 30 000 m^2 可视为一个单位工程进行抽样，不足

30 000 m^2 也视为一个单位工程；

(4)实体检验的样本应在施工现场由监理单位和施工单位随机抽取，且应发布均匀、具有代表性，不得预先确定检验位置。

二、检测项目及相关标准规范

序号	产品名称	检测项目（参数）	组批规则及取样方法	相关规范、规程（取样依据）	取样方法及数量	检测标准	备注
1	外墙节能构造现场实体检验	保温材料种类、保温层厚度、保温构造做法	外墙节能构造实体检验应按单位工程进行，每种节能构造的外墙检验不得少于 3 处，每处检查一个点	《建筑节能工程施工质量验收标准》GB 50411-2019	取样部位：应由检测人员随机抽样确定，不得在外墙施工前预先确定；取样部位应选取节能构造有代表性的外墙上相对隐蔽的位置，并宜兼顾不同朝向和楼层；外墙取样数量为一个单位工程每种节能保温做法至少取 3 个芯样。取样位置宜均匀分布，不宜在同一个房间外墙上取 2 个或 2 个以上芯样	《建筑节能工程施工质量验收标准》GB 50411-2019	/
2	外墙传热系数	传热系数	同工程项目、同施工单位且同期施工的多个单位工程，可合并计算建筑面积；每 30 000 m^2 可视为一个单位工程进行抽样，不足 30 000 m^2 也视为一个单位工程	《建筑节能工程施工质量验收标准》GB 50411-2019 青开建发〔2007〕42 号关于转发青岛市《民用建筑节能工程质量监督管理暂行规定》的通知	/	《建筑物围护结构传热系数及采暖供热量检测方法》GB/T 23483-2009	/
3	外窗气密性能现场实体检验	气密性等级		《建筑节能工程施工质量验收标准》GB 50411-2019	外窗气密性能现场实体检验应按单位工程进行，每种材质、开启方式、型材系列的外窗检验不得少于 3 樘	《建筑外窗气密、水密、抗风压性能现场检测方法》JG/T 211-2007	/

（续表）

序号	产品名称	检测项目（参数）	组批规则及取样方法	相关规范、规程（取样依据）	取样方法及数量	检测标准	备注
4	后锚固件锚固力（现场试验）	后锚固件锚固力	采用相同材料、工艺和施工做法的墙面，扣除门窗洞口后的保温墙面面积每 1 000 m^2 划分为一个检验批；检验批的划分也可根据与施工流程相一致且方便施工与验收的原则，由施工单位与监理单位双方协商确定；当按技术方法抽样检验时，其抽样数量尚应符合 GB 50411 第 3.4.3 条的规定	《建筑节能工程施工质量验收标准》GB 50411-2019	每个检验批抽查 3 处	《建筑节能工程施工质量验收标准》GB 50411-2019 《外墙保温用锚栓》JG/T 366-2012	/
5	保温板材与基层的粘结强度	保温板材与基层的粘结强度、破坏界面		《建筑节能工程施工质量验收标准》GB 50411-2019	每个检验批抽查 3 处	《建筑节能工程施工质量验收标准》GB 50411-2019	/
6	保温板材与基层的粘结面积比	粘结面积比		《建筑节能工程施工质量验收标准》GB 50411-2019	取样部位、数量及面积（尺寸），应符合下列规定：①取样部位应随机确定，宜兼顾不同朝向和楼层、均匀分布，不得在外墙施工前预先确定；②取样数量为每处检验一块整板，保温板面积（尺寸）应具代表性。 每个检验批抽查 3 处	《建筑节能工程施工质量验收标准》GB 50411-2019	/

第十三章　室内环境质量及环保性能检测

一、概述

室内环境质量：民用建筑工程及室内装饰装修工程的室内环境质量验收，应在工程完工不少于 7 天后、工程交付使用前进行。民用建筑工程竣工验收时，必须进行室内环境污染物甲醛、氨、苯、甲苯、二甲苯、TVOC、氡浓度检测。

土壤中氡：新建、扩建的民用建筑工程，设计前应对建筑工程所在城市区域土壤中氡浓度或土壤表面氡析出率进行调查，并提交相应的调查报告，未进行过区域土壤中氡浓度或土壤表面氡析出率测定的，应对建筑场地土壤中氡浓度或土壤氡析出率进行测定，并提供相应的检测报告。

无机非金属建筑主体材料和装饰装修材料：民用建筑工程所使用的砂、石、砖、实心砌块、水泥、混凝土、混凝土预制构件等无机非金属建筑主体材料；民用建筑工程所使用的石材、建筑卫生陶瓷、石膏制品、无机粉黏结材料等无机非金属装饰装修材料其放射性限量应符合《建筑材料放射性核素限量》GB 6566 的规定。民用建筑工程中使用的无机非金属建筑主体材料商品混凝土、预制构件等制品，如所使用的原材料（水泥、砂石等）放射性指标合格，制品可不再进行放射性指标检验。无机非金属建筑装饰装修材料制品（包括石材），连同无机粉状粘接材料一起，主要用于贴面材料。

人造木板及其制品：民用建筑工程室内用人造木板及其制品应测定游离甲醛释放量。人造木板及其制品包括纤维板、刨花板、胶合板、细木工板、重组装饰板、单板层积材、集成材、饰面人造板、木地板、木质墙板、木质门窗等室内用各种黏合木结构材料、壁布、帷幕等制品。

涂料：民用建筑工程室内用水性装饰板涂料、水性墙面涂料、水性墙面腻子的游离甲醛限量应符合现行国家标准《建筑用墙面涂料中有害物质限量》GB 18582 的规定。建筑用墙面涂料分为：水性墙面涂料、装饰板涂料。其中，水性墙面涂料分为：内墙涂料、外墙涂料、腻子；外墙涂料又分为含效应颜料和其他类。装饰板涂料分为：水性装饰板涂料、溶剂型装饰板涂料。水性装饰板涂料分为合成树脂乳液类和其他类，溶剂型装饰板涂料又分为含效应颜料类和其他类。

二、检测项目及相关标准规范

序号	产品名称	检测项目（参数）	组批规则及取样方法	相关规范、规程（取样依据）	取样方法及数量	检测标准	备注
1	民用建筑工程室内环境污染控制	甲醛、苯、甲苯、二甲苯、氡、氨、TVOC	民用建筑工程验收时，应抽检每个建筑单体有代表性的房间室内环境污染物浓度抽检量不得少于房间总数的5%，每个建筑单体不得少于3间，当房间总数少于3间时，应全数检测。 民用建筑工程验收时，凡进行了样板间室内环境污染物浓度检测且检测结果合格的，其同一装饰装修设计样板间类型的房间抽检量可减半，并不得少于3间。 幼儿园、学校教师、学生宿舍、老年人照料房屋设施室内装饰装修验收时，室内空气抽检量不得少于房间总数的50%，且不得少于20间。当房间总数不大于20间时，应全数检测	《民用建筑工程室内环境污染控制标准》GB 50325-2020	房间使用面积 $<50\ m^2$，检测点为1个点； $50\ m^2\leqslant$面积$<100\ m^2$，检测点2个点； $100\ m^2\leqslant$面积$<500\ m^2$，检测点不少于3个； $500\ m^2\leqslant$面积$<1\ 000\ m^2$，检测点不少于5个； 面积$\geqslant1\ 000\ m^2$的部分，每增加$1\ 000\ m^2$增设1，增加面积不足$1\ 000\ m^2$时按增加$1\ 000\ m^2$计算	《民用建筑工程室内环境污染控制标准》GB 50325-2020 《公共场所卫生检测方法 第2部分：化学污染物》GB/T 18204.2-2014 《居住区大气中甲醛卫生检验标准方法 分光光度法》GB/T 16129-1995	/
2	土壤中氡	土壤中氡浓度	应以间距10 m做网格，各网格点即为测试点，当遇较大石块时，可偏离±2 m，但布点数不应少于16个。布点位置应覆盖基础工程范围		以每10 m为一个测点，但布点数不应少于16个点	《民用建筑工程室内环境污染控制标准》GB 50325-2020附录C	/
3	无机非金属主体材料（水泥、砂石、砌块混凝土预制构件等）	放射性	根据各产品标准要求进行取样		4 kg	各产品标准、《建筑材料放射性核素限量》GB 6566-2010	/
4	无机非金属装饰装修材料、石材、建筑卫生陶瓷等	放射性	当同一产地、同一品种产品使用面积大于$200\ m^2$时需进行复验，组批按同一产地、同一品种每$5\ 000\ m^2$为一批，不足$5\ 000\ m^2$按一批计		4 kg	各产品标准、《建筑材料放射性核素限量》GB 6566-2010	/

（续表）

序号	产品名称	检测项目（参数）	组批规则及取样方法	相关规范、规程（取样依据）	取样方法及数量	检测标准	备注
5	室内装饰装修材料人造板及其制品中甲醛释放限量	游离甲醛（环境测试舱法、干燥器法）	当同一厂家、同一品种、同一规格产品使用面积大于 500 m^2 时需进行复验，组批按同一厂家、同一品种同一规格每 5 000 m^2 为一批，不足 5 000 m^2 按一批计	《民用建筑工程室内环境污染控制标准》GB 50325-2020	环境测试舱法：长（500 ± 5）mm，宽（500 ± 5）mm 试件 2 块，表面积 1 m^2。干燥器法：长（150 ± 1.0）mm，宽（50 ± 1.0）mm，10 块试件	《民用建筑工程室内环境污染控制》GB 50325-2020 《室内装饰装修材料人造板及其制品中甲醛释放限量》GB/T 18580-2017 《人造板及饰面人造板理化性能试验方法》GB/T 17657-2013	/
6	水性墙面涂料、水性装饰板涂料、水性处理剂	游离甲醛	组批按同一厂家、同一品种、同一规格产品每 5 t 为一批，不足 5 t 按一批计	《民用建筑工程室内环境污染控制标准》GB 50325-2020	约 2 kg	《建筑用墙面涂料中有害物质限量》GB 18582-2020 《水性涂料中甲醛含量的测定 乙酰丙酮分光光度法》GB/T 23993-2009	/
7	溶剂型装饰板涂料	苯含量、甲苯与二甲苯（含乙苯）总和含量	组批按同一厂家、同一品种、同一规格产品每 5 t 为一批，不足 5 t 按一批计	《民用建筑工程室内环境污染控制标准》GB 50325-2020	约 2 kg	《建筑用墙面涂料中有害物质限量》GB 18582-2020 涂料中苯、甲苯、乙苯和二甲苯含量的测定 GB/T 23990-2009	/
8	溶剂型装饰板涂料	VOC 含量	组批按同一厂家、同一品种、同一规格产品每 5 t 为一批，不足 5 t 按一批计	《民用建筑工程室内环境污染控制标准》GB 50325-2020	约 2 kg	《建筑用墙面涂料中有害物质限量》GB 18582-2020 《色漆和清漆 密度的测定 比重瓶法》GB/T 6750-2007 《色漆和清漆 挥发性有机化合物（VOC）含量的测定 差值法》GB/T 23985-2009 《色漆、清漆和塑料 不挥发物含量的测定》GB/T 1725-2007	/

（续表）

序号	产品名称	检测项目（参数）	组批规则及取样方法	相关规范、规程（取样依据）	取样方法及数量	检测标准	备注
9	溶剂型木器涂料和腻子	苯含量、甲苯与二甲苯（含乙苯）总和含量	组批按同一厂家、同一品种、同一规格产品每 5 t 为一批，不足 5 t 按一批计	《民用建筑工程室内环境污染控制标准》GB 50325-2020	约 2 kg	《木器涂料中有害物质限量 GB/T 18581-2020》 《涂料中苯、甲苯、乙苯和二甲苯含量的测定》GB/T 23990-2009	/
10	溶剂型木器涂料和腻子（聚氨酯类、硝基类、醇酸类及各自对应腻子）	VOC 含量	组批按同一厂家、同一品种、同一规格产品每 5 t 为一批，不足 5 t 按一批计	《民用建筑工程室内环境污染控制标准》GB 50325-2020	约 2 kg	《木器涂料中有害物质限量》GB/T 18581-2020 《色漆和清漆 挥发性有机化合物（VOC）含量的测定 差值法》GB/T 23985-2009 《色漆、清漆和塑料 不挥发物含量的测定》GB/T 1725-2007 《色漆和清漆 密度的测定 比重瓶法》GB/T 6750-2007	/
11	溶剂型木器涂料和腻子（不饱和聚酯类及其腻子）	VOC 含量	组批按同一厂家、同一品种、同一规格产品每 5 t 为一批，不足 5 t 按一批计	《民用建筑工程室内环境污染控制标准》GB 50325-2020	约 2 kg	《木器涂料中有害物质限量》GB/T 18581-2020 《含有活性稀释剂的涂料中挥发性有机化合物（VOC）含量的测定》GB/T 34682-2017	/
12	聚氨酯类涂料	TDI＋HDI	组批按同一厂家、同一品种、同一规格产品每 5 t 为一批，不足 5 t 按一批计	《民用建筑工程室内环境污染控制标准》GB 50325-2020	约 2 kg	《木器涂料中有害物质限量》GB/T 18581-2020 《色漆和清漆用漆基 异氰酸酯树脂中二异氰酸酯单体的测定》GB/T 18446-2009	/
13	溶剂型地坪涂料	苯、甲苯、乙苯和二甲苯总和含量、VOC 含量	组批按同一厂家、同一品种、同一规格产品每 5 t 为一批，不足 5 t 按一批计	《民用建筑工程室内环境污染控制标准》GB 50325-2020	约 2 kg	《室内地坪涂料中有害物质限量》GB 38468-2019	/

（续表）

序号	产品名称	检测项目（参数）	组批规则及取样方法	相关规范、规程（取样依据）	取样方法及数量	检测标准	备注
14	酚醛防锈涂料、防水涂料、防火涂料及其他溶剂型涂料	VOC 含量	组批按同一厂家、同一品种、同一规格产品每 5 t 为一批，不足 5 t 按一批计。聚合物水泥防水涂料，组批按同一厂家、同一品种、同一规格产品每 10 t 为一批，不足 10 t 按一批计	《民用建筑工程室内环境污染控制标准》GB 50325-2020	约 2 kg	《色漆和清漆 挥发性有机化合物（VOC）含量的测定 差值法》GB/T 23985-2009 《色漆和清漆 密度的测定 比重瓶法》GB/T 6750-2007 《色漆、清漆和塑料 不挥发物含量的测定》GB/T 1725-2007 《化工产品中水分含量的测定 卡尔·费休法（通用方法）》GB/T 6283-2008	/
15	酚醛防锈涂料、防水涂料、防火涂料及其他溶剂型涂料	苯、甲苯＋二甲苯＋乙苯总和含量		《民用建筑工程室内环境污染控制标准》GB 50325-2020	约 2 kg	《涂料中苯、甲苯、乙苯和二甲苯含量的测定》GB/T 23990-2009	/
16	室内装饰装修材料壁纸	甲醛含量	同一品种、同一配方、同一工艺的壁纸为一批，每批量不多于 5 000 m^2	《民用建筑工程室内环境污染控制标准》GB 50325-2020	以批为单位进行随机抽，每批至少抽取 5 卷	《室内装饰装修材料 壁纸中有害物质限量》GB 18585-2001	/
17	室内装饰装修材料聚氯乙烯卷材地板	挥发物含量	同一配方、工艺、花色型号的卷材地板，以 5 000 m^2 为一批，不足次数的也为一批	《民用建筑工程室内环境污染控制标准》GB 50325-2020	5 m	《室内装饰装修材料聚氯乙烯卷材地板中有害物质限量》GB 18586-2001	/
18	混凝土外加剂	氨释放量	同一批号外加剂	《民用建筑工程室内环境污染控制标准》GB 50325-2020	1 kg	《混凝土外加剂中释放氨的限量》GB 18588-2001	/
		甲醛含量	同一批号外加剂	《民用建筑工程室内环境污染控制标准》GB 50325-2020	1 kg	《混凝土外加剂中残留甲醛的限量》GB 31040-2014 《混凝土外加剂匀质性试验方法》GB/T 8077-2012	/

（续表）

序号	产品名称	检测项目（参数）	组批规则及取样方法	相关规范、规程（取样依据）	取样方法及数量	检测标准	备注
19	水性胶粘剂	游离甲醛	聚氨酯类胶粘剂组批按同一厂家以甲组分每 5 t 为一批，不足 5 t 的按一批计。聚乙酸乙烯酯胶粘剂，橡胶类胶粘剂、VAE 乳液类胶粘剂、丙烯酸酯类胶粘剂等，组批按同一厂家，同一品种、同一规格产品每 5 t 为一批，不足 5 t 的按一批计。氯丁橡胶胶粘剂、SBS 胶粘剂、丙烯酸酯类胶粘剂等、有机硅类胶粘剂（含 MS）等，组批按同一厂家、同一品种、同一规格产品每 5 t 为一批，不足 5 t 的按一批计。环氧类（A 组分）胶粘剂组批按同一厂家以 A 组分每 5 t 为一批，不足 5 t 的为一批计	《民用建筑工程室内环境污染控制标准》GB 50325-2020	约 1 kg	《建筑胶粘剂有害物质限量》GB 30982-2014 《室内装饰装修材料胶黏剂中有害物质限量》GB 18583-2008	/
20	水性胶粘剂、溶剂型胶粘剂、本体性胶粘剂	VOC 含量		《民用建筑工程室内环境污染控制标准》GB 50325-2020	约 1 kg	《胶粘剂挥发性有机化合物限量》GB/T 33372-2020	/
21	溶剂型胶粘剂、本体性胶粘剂	苯、甲苯、二甲苯含量、TDI		《民用建筑工程室内环境污染控制标准》GB 50325-2020	约 2 kg	《建筑胶粘剂有害物质限量》GB 30982-2014	/
22	阻燃剂、防火涂料、水性建筑防水涂料	氨释放量	同一批号外加剂	《民用建筑工程室内环境污染控制标准》GB 50325-2020	1 kg	《建筑防火涂料有害物质限量及检测方法》JG/T 415-2013	/
23	壁纸胶、基膜的墙纸（布）胶粘剂	游离甲醛、苯＋甲苯＋乙苯＋二甲苯	同一批号外加剂	《民用建筑工程室内环境污染控制标准》GB 50325-2020	约 2 kg	《建筑胶粘剂有害物质限量》GB 30982-2014	/
		VOC 含量	同一批号外加剂	《民用建筑工程室内环境污染控制标准》GB 50325-2020	约 1 kg	《胶粘剂挥发性有机化合物限量》GB/T 33372-2020	/

第十四章　消防工程

一、概述

建设工程消防设计应按照建设工程法律法规、国家工程建设消防技术标准，施工过程中选用合格的消防产品和防火性能符合要求的建筑材料、建筑构配件和设备。消防工程验收依据中华人民共和国住房和城乡建设部令第 51 号《建设工程消防设计审查验收管理暂行规定》；现场验收参考《建设工程消防验收评定规则》XF 836-2016，消防服务机构出具的消防设施验收检测报告依据《建筑消防设施检测技术规程》DB37/T 242-2021。

1.《建设工程消防设计审查验收管理暂行规定》（住建部第 51 号令）、《特殊建设工程消防验收服务指南（试行）》《建设工程竣工验收消防备案（试行）》（青岛市住建局 2020.6.22 文件）中《建设工程竣工验收消防查验一览表》要求提供涉及消防产品、建筑材料、建筑构配件和设备的进场试验报告（质量证明文件）。

2.《青岛市建筑工程质量检测行业质量管理指导手册》2020.5 文件“第二条 为我市工程出具的检测报告应按要求使用防伪二维码并在本地存档，确保检测报告真实有效可追溯”。通过青岛住房和城乡建设微信公众号的“青岛市城乡建设信用管理综合平台”二维码识别系统，能够查询检测报告的信息。

3. 产品进场要求：产品进场试验报告应包括但不限于委托单位、工程名称、工程地点、生产厂家、规格型号、出厂日期、出厂批号、代表批量等项目和产品信息。报告应有防伪标识并且真实有效可追溯，能够在线查询真伪和报告信息溯源。

4. 进场试验报告，产品及性能参数包括但不限于：消防水枪、消火栓、消防水带、消防软管卷盘、消防接口、沟槽式管接件、洒水喷头等的密封性能、耐水压强度；灭火器的喷射性能、水压试验；消防应急照明灯标志灯的充、放电试验，绝缘电阻试验，耐压试验；防火门、防火窗、防火玻璃、防火卷帘、防火阀等的耐火性能；非承重轻质隔墙、厨房卫生间排烟（气）道、防火封堵材料等的耐火性能；防火涂料、阻燃电线电缆等的耐火、阻燃性能。

5. 标准规范无明确要求的材料或项目，同一工程、同一材料、同生产厂家、同型号、同规格、同一批号作为一个检验批，每批检验数量应不少于 1 组。具体检测项目详见下表。

二、材料检测项目及相关标准规范

序号	产品名称	检测项目（参数）	组批规则及取样方法	相关规范、规程（取样依据）	取样方法及数量	检测标准	备注
1	防火门	耐火性能	同一工程同厂家同一认证单元	《建筑设计防火规范》GB 50016-2014 《建筑消防设施检测技术规程》DB37/T 242-2021 《防火卷帘、防火门、防火窗施工及验收规范》GB 50877-2014	根据使用要求选取1件或2件进行试验	《防火门》GB 12955-2008 《门和卷帘的耐火试验方法》GB/T 7633-2008	/
2	建筑外窗	耐火完整性	同一工程同厂家同材料同工艺	《建筑设计防火规范》GB 50016-2014 《建筑消防设施检测技术规程》DB37/T 242-2021 《铝合金耐火节能门窗应用技术规程》DB37/T 5138-2019	根据使用要求选取1件或2件进行试验	《镶玻璃构件耐火试验方法》GB/T 12513-2006 《建筑门窗耐火完整性试验方法》GB/T 38252-2019 《铝合金门窗》GB/T 8478-2020	/
3	非承重垂直分割构件	耐火性能	同一工程同厂家同材料同工艺	《建筑设计防火规范》GB 50016-2014 《建筑消防设施检测技术规程》DB37/T 242-2021	1个构件	《建筑构件耐火试验方法 第1部分:通用要求》GB/T 9978.1-2008	/
4	防火卷帘	耐火性能	同一工程同厂家同一认证单元	《防火卷帘、防火门、防火窗施工及验收规范》GB 50877-2014 《建筑消防设施检测技术规程》DB37/T 242-2021 《防火卷帘、防火门、防火窗施工及验收规范》GB 50877-2014	1樘(含控制器、卷门机等配件)	《防火卷帘》GB 14102-2005 《门和卷帘的耐火试验方法》GB/T 7633-2008	/
5	阻燃电缆	成束阻燃性能	同一工程同厂家同规格型号	《电力工程电缆设计标准》GB 50217-2018 《居住建筑节能设计标准》DB37/5056-2016	根据阻燃类别、样品外径、金属材料截面积等确定	《阻燃和耐火电线电缆或光缆通则》GB/T 19666-2019	/
6	耐火电缆	耐火性能	同一工程同厂家同规格型号	《电力工程电缆设计标准》GB 50217-2018 《居住建筑节能设计标准》DB37/5056-2016	3.6 m	《阻燃和耐火电线电缆或光缆通则》GB/T 19666-2019	/

（续表）

序号	产品名称	检测项目（参数）	组批规则及取样方法	相关规范、规程（取样依据）	取样方法及数量	检测标准	备注
7	普通电线	不延燃试验	同一工程同厂家同规格型号	《电力工程电缆设计标准》GB 50217-2018 《居住建筑节能设计标准》DB37/5056-2016	1.8 m	《阻燃和耐火电线电缆或光缆通则》GB/T 9666-2019 《电缆和光缆在火焰条件下的燃烧试验 第12部分：单根绝缘电线电缆火焰垂直蔓延试验 1 kW 预混合型火焰试验方法》GB 18380.12-2008	/
8	防火窗	耐火性能	同一工程同厂家同材料同工艺	《防火卷帘、防火门、防火窗施工及验收规范》GB 50877-2014 《建筑设计防火规范》GB 50016-2014 《防火卷帘、防火门、防火窗施工及验收规范》GB 50877-2014	根据使用要求选取1件或2件进行试验	《防火窗》GB 16809-2008 《镶玻璃构件耐火试验方法》GB/T 12513-2005	/
9	防火玻璃	耐火性能	同材料同工艺条件下生产的不超过500片	《建筑设计防火规范》GB 50016-2014	根据使用要求选取1件	《建筑用安全玻璃 第1部分：防火玻璃》GB/T 15763.1-2009 《镶玻璃构件耐火试验方法》GB/T 12513-2005	/
10	防火阀	复位功能、手动控制、电动控制、绝缘性能、环境漏风量、耐火性能	同一工程同厂家同材料同工艺	《建筑设计防火规范》GB 50016-2014 《建筑防烟排烟系统技术标准》GB 51251-2017	1台	《建筑通风和排烟系统用防火阀门》GB 15930-2007	/
11	饰面型防火涂料	干燥时间、在容器中状态、附着力、耐水性、难燃性、耐燃时间、质量损失、炭化体积	同厂家同材料同一工程同材料同工艺	《建筑内部装修设计防火规范》GB 50222-2017 《建筑内部装修防火施工及验收规范》GB 50354-2005	10 kg	《饰面型防火涂料》GB 12441-2018	/
12	防火膨胀密封件	耐空气老化、耐水性、耐酸性、耐碱性、尺寸偏差、膨胀性能	同一工程同厂家同材料同工艺	/	1.5 m	《防火膨胀密封件》GB 16807-2009	/

（续表）

序号	产品名称	检测项目（参数）	组批规则及取样方法	相关规范、规程（取样依据）	取样方法及数量	检测标准	备注
13	防火封堵材料	表观密度、初凝时间、抗跌落性、膨胀性能、耐水性、耐油性、耐碱性、燃烧性能	同一工程同厂家同材料同工艺	《建筑设计防火规范》GB 50016-2014 《电力工程电缆设计标准》GB 50217-2018	阻火包：12 个 或有机堵料 5 kg	《防火封堵材料》GB 23864-2009	/
14	消防应急标志灯	标志、基本功能、充电试验、放电试验、重复转换、电压波动、转换电压、绝缘电阻、接地电阻、耐压	同一工程同厂家同规格型号	《火灾自动报警系统施工及验收标准》GB 50166-2019	2 台	《消防应急照明和疏散指示系统》GB 17945-2010	/
15	消防应急照明灯	标志、基本功能、重复转换、电压波动、转换电压、绝缘电阻、接地电阻、耐压	同一工程同厂家同规格型号	《火灾自动报警系统施工及验收标准》GB 50166-2019 《火灾自动报警系统设计规范》GB 50116-2013	2 台	《消防应急照明和疏散指示系统》GB 17945-2010	/
16	集中电源集中控制型消防应急标志灯	标志、基本功能、重复转换、电压波动、转换电压、绝缘电阻、接地电阻、耐压	同一工程同厂家同规格型号	《火灾自动报警系统施工及验收标准》GB 50166-2019 《火灾自动报警系统设计规范》GB 50116-2013	2 台（需配接应急电源、分配电装置和控制器）	《消防应急照明和疏散指示系统》GB 17945-2010	/
17	集中电源集中控制型消防应急照明灯	标志、基本功能、重复转换、电压波动、转换电压、绝缘电阻、接地电阻、耐压	同一工程同厂家同规格型号	《火灾自动报警系统施工及验收标准》GB 50166-2019 《火灾自动报警系统设计规范》GB 50116-2013	2 台（需配接应急电源、分配电装置和控制器）	《消防应急照明和疏散指示系统》GB 17945-2010	/
18	消防应急灯具照明专用应急电源	基本功能、充电试验、放电试验、电压波动、转换电压、绝缘电阻、接地电阻、耐压	同一工程同厂家同规格型号	《火灾自动报警系统施工及验收标准》GB 50166-2019 《火灾自动报警系统设计规范》GB 50116-2013	1 台（需配接集中电源集中控制型消防应急灯 1 台）	《消防应急照明和疏散指示系统》GB 17945-2010	/

（续表）

序号	产品名称	检测项目（参数）	组批规则及取样方法	相关规范、规程（取样依据）	取样方法及数量	检测标准	备注
19	可燃气体探测器	绝缘电阻、电气强度报警动作值、响应时间、报警重复性试验、高速气流试验	同一工程同厂家同规格型号	《火灾自动报警系统施工及验收标准》GB 50166-2019 《火灾自动报警系统设计规范》GB 50116-2013	4只（点型探测器需配接可燃气体报警控制器1台）	《可燃气体探测器 第1部分：工业及商业用途点型可燃气体探测器》GB 15322.1-2019 《可燃气体探测器 第2部分：家用可燃气体探测器》GB 15322.2-2019 《可燃气体探测器 第3部分：工业及商业用途便携式可燃气体探测器》GB 15322.3-2019	/
20	消防水带	水压试验、爆破试验、外观质量、内径、单位长度质量、长度、设计工作压力、试验压力及最小爆破压力	同一工程同厂家同材料同工艺	《消防给水及消火栓系统技术规范》GB 50974-2014	1根	《消防水带》GB 6246-2011	/
21	消防水枪	喷射性能、密封性能、耐水压强度、跌落试验、耐高温试验、耐低温试验、标志、表面质量、接口性能	同一工程同厂家同材料同工艺	《消防给水及消火栓系统技术规范》GB 50974-2014	3支	《消防水枪》GB 8181-2005	/
22	消防接口	密封性能、水压性能、抗跌落性能、外观质量	同一工程同厂家同材料同工艺	《消防给水及消火栓系统技术规范》GB 50974-2014	2副	《消防接口 第1部分：消防接口通用技术条件》GB 12514.1-2005	/
23	室内消火栓	密封性能、阀杆升降功能、水压强度、外观质量、基本尺寸与偏差、固定接口、手轮、开启高度	同一工程同厂家同材料同工艺	《消防给水及消火栓系统技术规范》GB 50974-2014	1台	《室内消火栓》GB 3445-2018	/
24	室外消火栓	水压强度、外观质量、进水口连接尺寸、密封性能、排放余水装置	同一工程同厂家同材料同工艺	《消防给水及消火栓系统技术规范》GB 50974-2014	1台	《室外消火栓》GB 4452-2011	/

(续表)

序号	产品名称	检测项目 (参数)	组批规则及 取样方法	相关规范、规程 (取样依据)	取样方法及数量	检测标准	备注
25	手提式灭火器	水压试验、爆破试验、灭火器总质量、灭火剂充装量、20 ℃喷射性能、ABC干粉灭火剂(主要组分含量)	500具	《建筑灭火器配置设计规范》GB 50140-2005 《建筑灭火器配置验收及检查规范》GB 50444-2008	2具	《手提式灭火器 第1部分:性能和结构要求》GB 4351.1-2005	/
26	推车式灭火器	充装密度、充装误差、有效喷射时间和喷射距离、密封性能(浸水法)、保险装置解脱力、标志、主要组分含量	稳定连续生产的检查批不大于500具	《建筑灭火器配置设计规范》GB 50140-2005 《建筑灭火器配置验收及检查规范》GB 50444-2008	1具	《推车式灭火器》GB 8109-2005	/
27	洒水喷头	外观与标志、水压密封性能、耐水压强度、静态动作温度	连续生产5 000只为一批	《自动喷水灭火系统设计规范》GB 50084-2017 《自动喷水灭火系统施工及验收规范》GB 50261-2017	35只	《自动喷水灭火系统 第1部分:洒水喷头》GB 5135.1-2019	/
28	沟槽式管接件	螺栓螺母、气密封性能、密封性能、耐压强度	工程同厂家同材料同工艺	《自动喷水灭火系统设计规范》GB 50084-2017	3只	《自动喷水灭火系统 第11部分:沟槽式管接件》GB 5135.11-2006	/
29	消火栓箱	外观质量、材料、箱门、消防水带安置、室内消火栓密封性能、室内消火栓水压强度、消防接口密封性能、消防接口水压强度、水带接口抗跌落性能、消防水带密封性能、消防水带耐压性能、消防水枪密封性能、消防水枪耐水压强度、消防软管卷盘连接性能	同一工程同厂家同材料同工艺	《消防给水及消火栓系统技术规范》GB 50974-2014	1套	《消火栓箱》GB 14561-2019	/
30	排烟阀、排烟防火阀	驱动转矩、复位功能、手动控制、电动控制、绝缘性能、耐火性能、环境温度下的漏风量	同一工程同厂家同材料同工艺	《建筑设计防火规范》GB 50016-2014 《建筑防烟排烟系统技术标准》GB 51251-2017	1台	《建筑通风和排烟系统用防火阀门》GB 15930-2007	/

（续表）

序号	产品名称	检测项目（参数）	组批规则及取样方法	相关规范、规程（取样依据）	取样方法及数量	检测标准	备注
31	排烟气道	外观质量、尺寸偏差、垂直承载力、耐软物撞击、耐火性能	同一工程同厂家同材料同工艺	《建筑设计防火规范》GB 50016-2014	1整根＋1 m×5根	《住宅厨房和卫生间排烟（气）道制品》JG/T 194-2018	/
32	消防软管卷盘	外观质量、结构要求、密封性能、耐压性能、软管性能	同一工程同厂家同材料同工艺	《消防给水及消火栓系统技术规范》GB 50974-2014	1台	《消防软管卷盘》GB 15090-2005	/
33	消防泵	结构检查、外观质量检查、机械性能	同一工程同厂家同材料同工艺	《自动喷水灭火系统设计规范》GB 50084-2017	1台	《消防泵》GB 6245-2006	/
34	水泵接合器	外观质量、螺纹及法兰尺寸、密封性能、水压强度性能、阀门、消防接口	同一工程同厂家同材料同工艺	《消防给水及消火栓系统技术规范》GB 50974-2014	1台	《消防水泵接合器》GB 3446-2013	/
35	信号阀	外观检查、公称尺寸、阀瓣密封件、耐电压性能、绝缘电阻	同一工程同厂家同材料同工艺	《自动喷水灭火系统设计规范》GB 50084-2017	1台	《自动喷水灭火系统 第6部分：通用阀门》GB 5135.6-2018	/
36	水流指示器	灵敏度、最大工作压力、耐电压能力及绝缘电阻、耐水压性能	同一工程同厂家同材料同工艺	《自动喷水灭火系统设计规范》GB 50084-2017	2只	《自动喷水灭火系统 第7部分：水流指示器》GB 5135.7-2018	/
37	电气火灾监控设备	监控报警功能试验、故障报警功能试验、自检功能试验、信息显示与查询功能试验、绝缘电阻实验、泄漏电流试验、电气强度试验、电压波动试验	同一工程同厂家同规格型号	《火灾自动报警系统施工及验收标准》GB 50166-2019 《火灾自动报警系统设计规范》GB 50116-2013	1台（需配接电气火灾监控探测器1只）	《电气火灾监控系统 第1部分：电气火灾监控设备》GB 14287.1-2014	/
38	剩余电流式电气火灾监控探测器	基本功能试验、监控报警功能试验、通信功能试验、重复性试验、低温（运行）试验、恒定湿热（运行）试验	同一工程同厂家同规格型号	《火灾自动报警系统施工及验收标准》GB 50166-2019 《火灾自动报警系统设计规范》GB 50116-2013	2只（需配接电气火灾报警设备1台）	《电气火灾监控系统 第2部分：剩余电流式电气火灾监控探测器》GB 14287.2-2014	/

（续表）

序号	产品名称	检测项目（参数）	组批规则及取样方法	相关规范、规程（取样依据）	取样方法及数量	检测标准	备注
39	测温式电气火灾接触式监控探测器	基本性能试验、监控报警功能试验、通信功能试验、重复性试验、低温（运行）试验、恒定湿热（运行）试验	同一工程同厂家同规格型号	《火灾自动报警系统施工及验收标准》GB 50166-2019 《火灾自动报警系统设计规范》GB 50116-2013	2 只（需配接电气火灾报警设备 1 台）	《电气火灾监控系统 第 3 部分：测温式电气火灾监控探测器》GB 14287.3-2014	/
40	点型感温火灾探测器	方位试验、动作温度试验、响应时间试验、25 ℃起始响应时间试验、高温响应试验	同一工程同厂家同规格型号	《火灾自动报警系统施工及验收标准》GB 50166-2019 《火灾自动报警系统设计规范》GB 50116-2013	3 只（需配接火灾报警控制器）	《点型感温火灾探测器》GB 4716-2005	/
41	点型感烟火灾探测器	重复性试验、方位试验、一致性试验、气流试验	同一工程同厂家同规格型号	《火灾自动报警系统施工及验收标准》GB 50166-2019 《火灾自动报警系统设计规范》GB 50116-2013	4 只（需配接火灾报警控制器）	《点型感烟火灾探测器》GB 4715-2005	/
42	独立式感烟火灾探测报警器	重复性试验、方位试验、气流试验、一致性试验、环境光线试验	同一工程同厂家同规格型号	《火灾自动报警系统施工及验收标准》GB 50166-2019 《火灾自动报警系统设计规范》GB 50116-2013	4 只	《独立式感烟火灾探测报警器》GB 20517-2006	/

三、现场检测项目及相关标准规范

序号	产品名称	检测项目（参数）	组批规则及取样方法	相关规范、规程（取样依据）	取样方法及数量	检测标准	备注
1	消防供配电设施	消防配电箱的标志	/	《建筑消防设施检测技术规程》DB37/T 242-2021	抽检实际安装数量的 50%，且不少于 5 台，少于 5 台的全数检测	《建筑消防设施检测技术规程》DB37/T 242-2021	/
		自备发电机组	/				
		自动切换装置					
		储油设施	/				
2	火灾自动报警系统	一般规定	/	《建筑消防设施检测技术规程》DB37/T 242-2021	火灾报警控制器、消防联动控制器全数检测。总线短路隔离器每回路应至少抽检 1 处	《建筑消防设施检测技术规程》DB37/T 242-2021	/
		火灾报警控制器	/		全数检测		
		模块	/		按实际安装数量的 10%抽检，且不少于 10 只，少于 10 只的全数检测		
		消防联动控制器	/		全数检测		
		消防控制室图形显示装置	/		全数检测		
		布线	/		每个防火分区、每个楼层抽检 1 处		
		火灾显示盘	/		按实际安装数量的 20%抽检，且不少于 5 台，少于 5 台的全数检测		
		火灾探测器	/		吸气式感烟火灾探测器：全数检测；其他：按实际安装数量的 50%抽检，且不少于 10 只(处)，少于 10 只(处)的全数检测		
		手动火灾报警按钮	/		按实际安装数量的 10%抽检，且不少于 10 只，少于 10 只的全数检测		

(续表)

序号	产品名称	检测项目（参数）	组批规则及取样方法	相关规范、规程（取样依据）	取样方法及数量	检测标准	备注
2	火灾自动报警系统	火灾警报器	/	《建筑消防设施检测技术规程》DB37/T 242-2021	按实际安装数量的10%抽检，且不少于10只，少于10只的全数检测	《建筑消防设施检测技术规程》DB37/T 242-2021	/
		消防应急广播	/		基本要求、广播扩音机：全数检测。 其他项目：每个防火分区、每个楼层抽检1处		
		电梯	/		全数检测		
		防火门监控器	/		全数检测		
		消防电话系统	/		总机性能：电话分机全数检测。电话插孔按实际安装数量的10%抽检，且不少于10个，少于10只的全数检测。 消防电话插孔设置与性能：按实际安装数量的10%抽检，且不少于10个，少于10个的全数检测。 消防电话分机设置与性能：全数检测		
3	消防水源	一般规定	/	《建筑消防设施检测技术规程》DB37/T 242-2021	全数检测	《建筑消防设施检测技术规程》DB37/T 242-2021	/
		消防水池	/				
		市政给水	/				
		天然水源及其他	/				
4	自动喷水灭火系统	一般规定	/	《建筑消防设施检测技术规程》DB37/T 242-2021	全数检测	《建筑消防设施检测技术规程》DB37/T 242-2021	/
		局部应用系统	/				

（续表）

序号	产品名称	检测项目（参数）		组批规则及取样方法	相关规范、规程（取样依据）	取样方法及数量	检测标准	备注
4	自动喷水灭火系统	湿式自动喷水灭火系统/干式自动喷水灭火系统/预作用自动喷水灭火系统/雨淋系统/水幕系统/防护冷却系统	供水设施	/	《建筑消防设施检测技术规程》DB37/T 242-2021	全数检测	《建筑消防设施检测技术规程》DB37/T 242-2021	/
			报警阀组	/		全数检测		
			水流指示器	/		按实际安装数量的30%抽检，且不少于5处，少于5处的全数检测。每台报警阀组最不利防火分区或楼层处必须检测		
			管网	/		基本要求：每个防火分区、每个楼层抽检一处。 消防洒水软管：按实际安装数量的5%抽检，且不少于10个，少于10个的全数检测。 管道连接方式：按实际安装数量的20%抽检，且不少于5处，少于5处的全数检测。 管道支架安装：a. 按实际安装数量的20%抽检，且不少于5处，少于5处的全数检测；b. 竖直安装的配水干管；c. 为全数检测		
			喷头	/		安装：按实际安装喷头数量的5%抽检，且不少于10个，少于10个的全数检测。 末端试水装置及试水阀：末端试水装置全检。试水阀按实际安装数量的20%抽检，且不少于5处，少于5处的全数。 其他项目全数检测		
			末端试水装置及试水阀	/		末端试水装置全检。试水阀按实际安装数量的20%抽检，且不少于5处，少于5处的全数检测		
			系统功能	/		全数检测		
			功能试验（雨淋系统）			全数检测		
			预作用装置（预作用自动喷水灭火系统）	/		全数检测		
			传动管（雨淋系统、水幕系统）	/				

（续表）

序号	产品名称	检测项目（参数）	组批规则及取样方法	相关规范、规程（取样依据）	取样方法及数量	检测标准	备注
5	消火栓系统	一般规定	/	《建筑消防设施检测技术规程》DB37/T 242-2021	全数检测	《建筑消防设施检测技术规程》DB37/T 242-2021	/
		室内消火栓系统	/		消火栓箱（配件）和消火栓按钮功能：按实际安装数量的10%抽检，且不应少于10台（个），少于10台（个）的全数检测。 消火栓管网：每个防火分区、每个楼层1处。 湿式消火栓系统功能：a. 全数检测；b. 系统最不利点与最有利点。 其他项目均全数检测		
		室外消火栓	/		全数检测		
6	水喷雾灭火系统	供水设施	/	《建筑消防设施检测技术规程》DB37/T 242-2021	全数检测	《建筑消防设施检测技术规程》DB37/T 242-2021	/
		供水控制阀	/				
		传动管	/				
		管道及附件	/				
		喷头	/		按实际安装喷头数量的5%抽检，且不少于10个，少于10个的全数检测		
		系统功能	/		全数检测		
7	细水雾灭火系统	一般规定	/	《建筑消防设施检测技术规程》DB37/T 242-2021	全数检测	《建筑消防设施检测技术规程》DB37/T 242-2021	/
		泵组式	/				
		瓶组式	/				

（续表）

序号	产品名称	检测项目（参数）	组批规则及取样方法	相关规范、规程（取样依据）	取样方法及数量	检测标准	备注
8	泡沫灭火系统	一般规定	/	《建筑消防设施检测技术规程》DB37/T 242-2021	全数检测	《建筑消防设施检测技术规程》DB37/T 242-2021	/
		低倍数泡沫灭火系统	/		泡沫产生装置：按实际安装数量的10%抽检，且不得少于1个储罐的安装数量。 泡沫消火栓：按实际安装数量的10%抽检，且不得少于1个。 系统功能：a. 喷水试验：当为手动灭火系统时，选择最远的防护区或储罐。当为自动灭火系统时，选择最大和最远两个防护区或储罐。b. 喷泡沫试验：选择最不利点的防护区或储罐，进行一次试验。 其他项目全数检测		/
		高、中倍数泡沫灭火系统	/		泡沫产生装置：中倍数泡沫发生器按实际安装数量的10%抽检，且不得少于1个储罐或保护区的安装数量；高倍数泡沫发生器全数检测。 系统功能：中倍系统取样数量与低倍相同。 其他项目全数检测		/
		泡沫—水喷淋和泡沫喷雾系统	/		消防水泵：全数检测。 泡沫消火栓：按实际安装数量的10%抽检，且不得少于1个。 水流指示器：按实际安装数量的30%抽检，且不少于5处，少于5处的全数检测。 管道及阀门：按实际安装数量的10%抽检，且不得少于5个，少于5个的全数检测。 喷头：按实际安装数量的10%抽检，且不得少于4只，即支管两侧分支管的始端及末端各1只。 其他项目全数检测		/

（续表）

序号	产品名称	检测项目（参数）	组批规则及取样方法	相关规范、规程（取样依据）	取样方法及数量	检测标准	备注
9	固定消防炮灭火系统	一般规定	/	《建筑消防设施检测技术规程》DB37/T 242-2021	全数检测	《建筑消防设施检测技术规程》DB37/T 242-2021	/
		固定水炮灭火系统	/		消火栓箱(配件)和消火栓按钮功能:按实际安装数量的 10%抽检,且不应少于 10 台(个),少于 10 台(个)的全数检测。 消火栓管网:每个防火分区、每个楼层 1 处。 湿式消火栓系统功能:a. 全数检测;b. 系统最不利点与最有利点。 其他项目均全数检测		
		固定泡沫炮灭火系统	/		全数检测		
		固定干粉炮灭火系统	/		全数检测		
10	自动跟踪定位射流灭火系统	一般规定	/	《建筑消防设施检测技术规程》DB37/T 242-2021	全数检测	《建筑消防设施检测技术规程》DB37/T 242-2021	/
		供水设施	/		消防水源全数检测; 消火栓箱(配件)和消火栓按钮功能:按实际安装数量的 10%抽检,且不应少于 10 台(个),少于 10 台(个)的全数检测; 消火栓管网:每个防火分区、每个楼层 1 处; 湿式消火栓系统功能:a. 全数检测;b. 系统最不利点与最有利点		
		灭火装置	/		全数检测		
		控制装置	/		全数检测		
		火灾探测组件	/		全数检测		
		水流指示器	/		按实际安装数量的 30%抽检,且不少于 5 处,少于 5 处的全数检测。每台报警阀组最不利防火分区或楼层处必须检测		
		管网及附件	/		管道支吊架安装:a. 按实际安装数量的 20%抽检,且不少于 5 处,少于 5 处的全数检测;b. c. 为全数检测;其他项目全数检测		

（续表）

序号	产品名称	检测项目（参数）	组批规则及取样方法	相关规范、规程（取样依据）	取样方法及数量	检测标准	备注
11	气体灭火系统	一般规定	/	《建筑消防设施检测技术规程》DB37/T 242-2021	全数检测	《建筑消防设施检测技术规程》DB37/T 242-2021	/
		环境和温度	/				
		气体灭火控制器和组件	/				
		防护区	/				
		储存装置间	/				
		储存装置	/				
		驱动装置	/				
		集流管	/				
		选择阀	/				
		灭火器传输管道及附件	/				
		喷嘴	/				
		模拟启动试验	/				
12	干粉灭火系统	一般规定	/	《建筑消防设施检测技术规程》DB37/T 242-2021	全数检测	《建筑消防设施检测技术规程》DB37/T 242-2021	/
		干粉灭火控制器和组件	/				
		防护区	/				
		储存装置	/				
		驱动装置	/				
		灭火剂输送管道及附件	/				
		喷头	/				
		模拟启动试验	/				

（续表）

序号	产品名称	检测项目（参数）		组批规则及取样方法	相关规范、规程（取样依据）	取样方法及数量	检测标准	备注
13	防烟排烟系统	一般要求		/	《建筑消防设施检测技术规程》DB37/T 242-2021	全数检测	《建筑消防设施检测技术规程》DB37/T 242-2021	/
		机械加压送风系统	送风机	/		全数检测		
			送风机控制柜	/		全数检测		
			风道	/		每防火分区、每楼层抽检一处		
			送风口	/		每防火分区、每楼层抽检一处		
			系统功能	/		每防火分区、每楼层抽检一处		
		机械排烟系统	风机	/		全数检测		
			风机控制柜	/		全数检测		
			风道			每个防火分区、每个楼层抽检一处		
			排烟口	/		每个防火分区、每个楼层抽检一处		
			排烟防火阀	/		排烟机入口处全数检测，其他位置按实际安装数量的30%抽检，且不应少于5处，少于5处的全数检测		
			电动排烟窗	/		排烟机入口处全数检测，其他位置按实际安装数量的30%抽检，且不应少于5处，少于5处的全数检测		
			系统功能	/		每个防火分区、每个楼层抽检一处。电动排烟窗按实际安装数量的30%抽检，且不应少于5处，少于5处的全数检测		
		电动挡烟垂壁	基本要求	/		按实际安装数量的30%抽检，且不应少于5处，少于5处的全数检测		
			安装要求	/				
			控制与运行	/				

（续表）

序号	产品名称	检测项目（参数）	组批规则及取样方法	相关规范、规程（取样依据）	取样方法及数量	检测标准	备注
14	消防应急照明和疏散指示系统	一般规定	/	《建筑消防设施检测技术规程》DB37/T 242-2021	全数检测	《建筑消防设施检测技术规程》DB37/T 242-2021	/
		布线	/		每个防火分区、每个楼层抽检一处		
		应急照明控制器	/		全数检测		
		应急照明集中电源	/		全数检测		
		应急照明配电箱	/		全数检测		
		应急照明灯具和疏散指示标志灯具	/		按实际安装数量的 20％抽检，且不少于 5 个，少于 5 个的全数检测		
		系统功能	/		全数检测		
15	防火分隔设施	防火门电动控制装置	/	《建筑消防设施检测技术规程》DB37/T 242-2021	按实际安装数量的 50％抽检，且不少于 5 樘，少于 5 樘的全数检测	《建筑消防设施检测技术规程》DB37/T 242-2021	/
		防火窗窗扇启闭控制装置	/		温控释放装置控制功能：同一类温控释放装置抽检 1～2 个。 其他项目：按实际安装数量的 50％抽检，且不少于 5 樘，少于 5 樘的全数检测		
		电动防火阀	/		按实际安装数量的 50％抽检，且不少于 5 个，少于 5 个的全数检测		
		防火卷帘	/		系统功能：全数检测。 其他项目：按实际安装数量的 50％抽检，且不少于 5 樘，少于 5 樘的全数检测		
16	消防电源监控系统	一般规定	/	《建筑消防设施检测技术规程》DB37/T 242-2021	全数检测	《建筑消防设施检测技术规程》DB37/T 242-2021	/
		安装要求	/				
		系统功能	/				

（续表）

序号	产品名称	检测项目（参数）	组批规则及取样方法	相关规范、规程（取样依据）	取样方法及数量	检测标准	备注
17	电气火灾监控系统	一般规定	/	《建筑消防设施检测技术规程》DB37/T 242-2021	全数检测	《建筑消防设施检测技术规程》DB37/T 242-2021	/
		监控设备	/		全数检测		
		电气火灾探测器	/		故障电弧（或剩余电流式）电气火灾监控探测器：按实际安装数量10%抽检，且不少于5只，少于5只的全数检测。 测温式电气火灾监控探测器：随机选取3个非连续检测段。 安装要求：测温式电气火灾监控探测器随机抽取3处，其余按安装数量的10%抽检，且不少于5只，少于5只的全数检测		
		电气火灾报警系统功能	/		按实际安装数量的10%抽检，且不少于5只，少于5只的全数检测		
18	可燃气体探测报警系统	一般规定	/	《建筑消防设施检测技术规程》DB37/T 242-2021	全数检测	《建筑消防设施检测技术规程》DB37/T 242-2021	/
		系统布线	/		每个防火分区、每个楼层抽检1处		
		可燃气体报警控制器	/		全数检测		
		可燃气体探测器	/		按实际安装数量的10%抽检，且不少于5只，少于5只的全数检测		

第十五章　安全设施

一、概述

钢管脚手架扣件:用可锻铸铁或铸钢制造的用于固定脚手架、井架等支撑体系的连接部件,称为扣件。

直角扣件:连接两根呈垂直交叉钢管的扣件。

旋转扣件:连接两根呈任意角度交叉钢管的扣件。

对接扣件:连接两根对接钢管的扣件。

底座:用于承受脚手架立柱载荷的可锻铸铁件或铸钢件。

碗扣式钢管脚手架扣件:由立杆、顶杆、横杆、斜杆、支座、碗扣节点组成的构件。

安全网:用来防止人、物坠落,或用来避免、减轻坠落及物击伤害的网具。安全网一般由网体、边绳、系绳等组成。安全网按功能分为安全平网、安全立网及密目式安全立网。

安全平网:安装平面不垂直于水平面,用来防止人、物坠落,或用来避免、减轻坠落及物击伤害的安全网,简称为平网。

安全立网:安装平面垂直于水平面,用来防止人、物坠落,或用来避免、减轻坠落及物击伤害的安全网,简称为立网。

密目式安全立网:网眼孔径不大于 12 mm,垂直于水平面安装,用于阻挡人员、视线、自然风、飞溅及失控小物体的网,简称为密目网。密目网一般由网体、开眼环扣、边绳和附加系绳组成。

A 级密目式安全立网:在有坠落风险的场所使用的密目式安全立网,简称为 A 级密目网。

B 级密目式安全立网:在没有坠落风险或配合安全立网(护栏)完成坠落保护功能的密目式安全立网,简称为 B 级密目网。

安全帽:对人头部受坠落物及其他特定因素引起的伤害起保护作用的帽,由帽壳、帽衬、下颏带、附件组成。

安全带:防止高处作业人员发生坠落或发生坠落后将作业人员安全悬挂的个体坠落防护装备。

二、检测项目及相关标准规范

序号	产品名称	检测项目（参数）	组批规则及取样方法	相关规范、规程（取样依据）	取样方法及数量	检测标准	备注
1	钢管脚手架扣件（直角扣件）	抗滑性能试验、抗破坏性能试验、扭转刚度性能试验	10 000 件为一验收批，当批量超过 10 000 件时，超过部分应作另一批抽样	《钢管脚手架扣件》GB 15831-2006	281～500 每组样品不少于 8 个； 501～1 200 每组样品不少于 13 个； 1 201～10 000 每组样品不少于 20 个	《钢管脚手架扣件》GB 15831-2006	/
2	钢管脚手架扣件（旋转扣件）	抗滑性能试验、抗破坏性能试验	10 000 件为一验收批，当批量超过 10 000 件时，超过部分应作另一批抽样	《钢管脚手架扣件》GB 15831-2006	281～500 每组样品不少于 8 个； 501～1 200 每组样品不少于 13 个； 1 201～10 000 每组样品不少于 20 个	《钢管脚手架扣件》GB 15831-2006	/
3	钢管脚手架扣件（对接扣件）	抗拉性能试验	10 000 件为一验收批，当批量超过 10 000 件时，超过部分应作另一批抽样	《钢管脚手架扣件》GB 15831-2006	281～500 每组样品不少于 8 个； 501～1 200 每组样品不少于 13 个； 1 201～10 000 每组样品不少于 20 个	《钢管脚手架扣件》GB 15831-2006	/
4	钢管脚手架扣件（底座）	抗压性能试验	10 000 件为一验收批，当批量超过 10 000 件时，超过部分应作另一批抽样	《钢管脚手架扣件》GB 15831-2006	281～500 每组样品不少于 8 个； 501～1 200 每组样品不少于 13 个； 1 201～10 000 每组样品不少于 20 个	《钢管脚手架扣件》GB 15831-2006	/
5	碗扣式钢管脚手架构件	外观质量、尺寸测量、上碗扣强度、下碗扣焊接强度、横杆接头强度、横杆接头焊接强度、可调支座抗压强度	10 000 件为一验收批，当批量超过 10 000 件时，超过部分根据数量应另行抽样	《碗扣式钢管脚手架构件》GB 24911-2010	281～500 每组样品不少于 8 个； 501～1 200 每组样品不少于 13 个； 1 201～10 000 每组样品不少于 20 个	《碗扣式钢管脚手架构件》GB 24911-2010	/

（续表）

序号	产品名称	检测项目（参数）	组批规则及取样方法	相关规范、规程（取样依据）	取样方法及数量	检测标准	备注
6	直缝电焊钢管	外径和壁厚、弯曲度、不圆度、焊缝高度、重量、化学成分、下屈服强度、抗拉强度、断后伸长率、焊缝横向拉伸试验、冲击试验、压扁试压、弯曲试验、扩口试验、液压试验、无损检测、表面质量、镀锌层	每批钢管应有同一炉号、同一牌号、同一规格、同一精度等级、同一焊接工艺、同一交货状态、同一热处理制度（如适用）和同一镀锌层重量级别（如适用）的钢管组成。每批钢管的数量应不超过以下规定：①外径不大于219.1 mm，每个班次生产的钢管；②外径大于219.1 mm但不大于406.4 mm，200根；③外径大于406.4 mm，100根	《直缝电焊钢管》GB/T 13793-2016	拉伸试验：1个。 焊缝拉伸试验：1个。 冲击试验：1次2组（热影响区域适应时为3组）1组3个。 压扁试验：每批在2根钢管上各取一个。 弯曲试验试验：每批在2根钢管上各取一个。 扩口试验：每批在2根钢管上各取一个。 液压试验：逐根。 无损检测：逐根。 镀锌层均匀性试验：每批在2根钢管各取1个。 镀锌层重量测定：每批任取1根钢管、两端各取1个试样。 镀锌层附着力试验：每批1个	《直缝电焊钢管》GB/T 13793-2016	/
7	低压流体输送用焊接钢管	化学成分、下屈服强度、抗拉强度、断后伸长率、弯曲试验、压扁试验、导向弯曲试验、液压试验、表面质量、镀锌层	每批钢管应由同一炉号、同一牌号、同一规格、同一精度等级、同一焊接工艺、同一交货状态、同一热处理制度（如适用）和同一镀锌层重量级别（如适用）的钢管组成。每批钢管的数量应不超过以下规定：①外径不大于219.1 mm，每个班次生产的钢管；②外径大于219.1 mm但不大于406.4 mm，200根；③外径大于406.4 mm，100根	《低压流体输送用焊接钢管》GB/T 3091-2015	拉伸试验：1个。 焊接接头拉伸试验：直缝1个；螺旋缝螺旋焊接1个；钢带对接焊缝1个。 弯曲试验：1个。 压扁试验：2个。 液压试验：逐根。 镀锌层：每批任取2根钢管，每根钢管任取1个	《低压流体输送用焊接钢管》GB/T 3091-2015	/

（续表）

序号	产品名称	检测项目（参数）	组批规则及取样方法	相关规范、规程（取样依据）	取样方法及数量	检测标准	备注
8	安全平（立）网	质量、绳结构、节点、网目形状及边长、规格尺寸、系绳间距及强度、筋绳间距、绳断裂强力、耐冲击性能、耐候性、阻燃性能	/	《安全网》GB 5725-2009	<500，单项检验 3 个； 501～5 000，单项检验 5 个； ≥5 001，单项检验 8 个	《安全网》GB 5725-2009	/
9	密目式安全立网	宽度、密度断裂强力×断裂伸长、接缝部位抗拉强力、梯形法撕裂强力、开眼环扣强力、系绳断裂强力、耐贯穿性能、耐冲击性能、耐腐蚀性能、阻燃性能、耐老化性能	/	《安全网》GB 5725-2009	<500，单项检验 3 个； 501～5 000，单项检验 5 个； ≥5 001，单项检验 8 个	《安全网》GB 5725-2009	/
10	安全帽	帽箍、吸汗带、下颏带尺寸、帽壳、部件安装、质量、帽舌、帽沿、佩戴高度、垂直间距、水平间距、帽壳内突出物、通气孔、下颏带强度、附件、冲击吸收性能、耐穿刺性能、阻燃性能、侧向刚性、耐低温性能、耐极高温性能、电绝缘性能、耐熔融金属飞溅性能	一次生产投料为一批次	《安全帽》GB 2811-2019	<500，单项检验 1 个； 501～5 000，单项检验 2 个； ≥5 000，单项检验 4 个	《安全帽》GB 2811-2019	/
11	安全带	围杆作业安全带整体静态负荷、围杆作业安全带整体滑落、区域限制安全带静态负荷、坠落悬挂安全带整体静态负荷、坠落悬挂安全带整体动态负荷、零部件静态负荷、零部件动态负荷、零部件机械性能、抗腐蚀性能、阻燃性能	/	《安全带》GB 6095-2009	<500 每组不少于 3 条； 501～5 000 每组不少于 5 条	《安全带》GB 6095-2009	/

第十六章　市政工程

一、概述

城镇道路的功能是综合性的，为其发挥其不同的功能，保证城镇的生产、生活正常进行、交通运输经济合理，应对城镇道路进行科学分类。

城镇道路分类方法有多种形式，根据道路在城镇规划道路系统中所处的地位划分为快速路、主干路、次干路及支路；根据道路对交通运输所起的作用分为全市性道路、区域性道路、环路、放射路、过境道路等；根据承担的主要运输性质分为公交专用道路、货运道路、客货运道路等；根据道路所处环境划分为中心区道路、工业区道路、仓库区道路、文教区道路、行政区道路、住宅区道路、风景浏览区道路、文化娱乐性道路、科技卫生性道路、生活性道路、火车站道路、游览性道路、林荫路等。在以上各种分类方法中，主要是满足道路在交通运输方面的功能。

按路面结构类型分类，道路路面可分为沥青路面、水泥混凝土路面和砌块路面三大类。

城镇沥青路面是城市道路的典型路面，道路结构由面层、基层和路基组成，层间必须紧密稳定，以保证结构的整体性和应力传递的连续性。

道路工程施工过程中用到的砂浆、混凝土、钢筋等等常规材料应按要求进行见证取样检测。

二、检测项目及相关标准规范

序号	产品名称	检测项目 （参数）	组批规则 及取样方法	相关规范、规程 （取样依据）	取样方法及数量	检测标准	备注
1	土工	含水率、密度、颗粒分析、界限含水率、击实试验（最大干密度、最佳含水率）、压实度、承载比（CBR）、比重、稠度试验、砂的相对密度、回弹模量	密度：每 1 000 m^2、每压实层检测 1 组（3 点）。 其他材料同一规格、同一型号、同一批次检测一组	《公路土工试验规程》JTG 3430-2020 《城镇道路工程施工与质量验收规范》CJJ 1-2008	含水率：细粒土不小于 50 g，砂类土、有机质土不小于 100 g，砾类土不小于 1 kg。 颗粒分析：10 kg。 界限含水率：10 kg。 击实试验：轻型 20 kg，重型 50 kg	《公路土工试验规程》JTG 3430-2020	/

（续表）

序号	产品名称	检测项目（参数）	组批规则及取样方法	相关规范、规程（取样依据）	取样方法及数量	检测标准	备注
2	水泥	出磨时安定性、凝结时间、标准稠度需水量、比表面积、细度（80 μm 筛余）、28 d 干缩率、耐磨性、水泥抗折强度、水泥抗压强度、氯离子、碱含量、氧化镁、三氧化硫、烧失量	同一批次袋装不超过 200 t、散装不超过 500 t	《通用硅酸盐水泥》GB 175-2007 《公路水泥混凝土路面施工技术细则》JTG/T F30-2014	从 20 个以上不同部位取等量样品总量不少于 12 kg	《公路工程水泥及水泥混凝土试验规程》JTG 3420-2020 《通用硅酸盐水泥》GB 175-2007	/
3	粗集料	颗粒级配、压碎值、表观密度、堆积密度、吸水率、含水率、含泥量、泥块含量、针片状颗粒含量、洛杉矶磨耗试验、磨光值、坚固性、有机物含量、硫化物及硫酸盐含量、空隙率、磨光值、碱活性反应	同一工程、同一规格、同一型号、同一批次检测一组	《公路路面基层施工技术细则》JTG/F 20-2015 《公路沥青路面施工技术规范》JTG F40-2004 《公路工程集料试验规程》JTG E42-2005 《公路水泥混凝土路面施工技术细则》JTG/T F30-2014	120 kg，根据集料大小及检测参数送样数量可进行调整	《公路工程集料试验规程》JTG E42-2005	/
4	细集料	坚固性、氯离子含量、云母含量、硫化物及硫酸盐含量、海砂中的贝壳类物质含量、表观密度、堆积密度、空隙率、有机物含量、碱活性反应、颗粒级配、吸水率、含水率、含泥量（石粉含量）、泥块含量、机制砂单粒级最大压碎指标、机制砂母岩的磨光值、机制砂母岩的抗压强度	同一工程、同一规格、同一型号、同一批次	《公路路面基层施工技术细则》JTG/F 20-2015 《公路沥青路面施工技术规范》JTG F40-2004 《公路工程集料试验规程》JTG E42-2005 《公路水泥混凝土路面施工技术细则》JTG/T F30-2014	40 kg，根据集料大小及检测参数送样数量可进行调整	《公路工程集料试验规程》JTG E42-2005	/

（续表）

序号	产品名称	检测项目（参数）	组批规则及取样方法	相关规范、规程（取样依据）	取样方法及数量	检测标准	备注
5	掺合料（矿粉、粉煤灰等）	矿粉：颗粒级配、密度、含水率、塑性指数、加热安定性； 粉煤灰：细度、烧失量、需水量、含水率、游离氧化钙、三氧化硫、活性指数； 矿渣粉和硅灰：比表面积、密度、烧失量、流动度比、含水率、氯离子含量、玻璃体含量、游离氧化钙、三氧化硫、活性指数	同一工程、同一规格、同一型号、同一批次	《公路路面基层施工技术细则》JTG/F 20-2015 《公路沥青路面施工技术规范》JTG F40-2004 《公路工程集料试验规程》JTG E42-2005 《公路水泥混凝土路面施工技术细则》JTG/T F30-2014	12 kg，根据检测参数送样数量可进行调整	《公路工程集料试验规程》JTG E42-2005	/
6	无机结合料稳定材料	击实（最大干密度、最佳含水量）、水泥或石灰剂量、无侧限抗压强度、配合比设计、石灰有效氧化钙和氧化镁含量	击实：同一工程、同一规格、同一型号、同一批次检测一组。 水泥或石灰剂量：每 2 000 m^2 或每工作班 1 组。 无侧限抗压强度：每 2 000 m^2 或每工作班 1 组。 配合比设计：按图纸设计要求。 石灰有效氧化钙和氧化镁含量：同一规格、同一型号、同一批次检测一组	《城镇道路工程施工与质量验收规范》CJJ 1-2008 《公路工程无机结合料稳定材料试验规程》JTG E51-2009 《公路路面基层施工技术细则》JTG/F 20-2015	击实：甲法 25 kg、乙法 55 kg、丙法 55 kg。 水泥或石灰剂量：10 kg。 无侧限抗压强度：水泥稳定土 5 kg、水泥稳定砂 25 kg、水泥稳定碎石 80 kg。 配合比设计：水泥 20 kg、细集料 80 kg、粗集料每档各 80 kg。 石灰有效氧化钙和氧化镁含量：5 kg	《公路工程无机结合料稳定材料试验规程》JTG E51-2009	/

（续表）

序号	产品名称	检测项目（参数）	组批规则及取样方法	相关规范、规程（取样依据）	取样方法及数量	检测标准	备注
7	沥青	针入度、延度、软化点、密度、针入度指数、与粗集料的黏附性、薄膜或旋转薄膜加热试验（质量变化、残留物针入度比、软化点增值、60 ℃黏度比、老化指数、老化后延度）、动力黏度、闪点、燃点、聚合物改性沥青储存稳定性（离析或 48 h 软化点差）、聚合物改性沥青弹性恢复率	同一工程、同一规格、同一型号、同一批次检测一组	《城镇道路工程施工与质量验收规范》CJJ 1-2008 《公路工程沥青及沥青混合料试验规程》JTG E20-2011 《公路沥青路面施工技术规范》JTG F40-2004	针入度、延度、软化点：4 kg。 检测参数增加时，送样数量应进行调整	《公路工程沥青及沥青混合料试验规程》JTG E20-2011	/
8	沥青混合料	密度、空隙率、矿料间隙率、马歇尔稳定度、流值、沥青含量（油石比）、矿料级配、理论最大相对密度、配合比设计、饱和度、动稳定度、渗水系数	同一工程、同一规格、同一型号、同一批次检测一组	《城镇道路工程施工与质量验收规范》CJJ 1-2008 《公路工程沥青及沥青混合料试验规程》JTG E20-2011 《公路沥青路面施工技术规范》JTG F40-2004	配合比设计：沥青 20 kg、矿粉 10 kg、碎石每档各 80 kg、机制砂 50 kg。 其他检测项目取样数量：20 kg	《公路工程沥青及沥青混合料试验规程》JTG E20-2011	/
9	路基路面（现场测试）	路面厚度、压实度、路基路面回弹弯沉、平整度、几何尺寸、摩擦系数、构造深度、渗水系数、回弹模量、水泥混凝土路面强度、车辙、透层油渗透深度	均匀法、随机法、定向法、连续法、综合法。在保证测试结果代表性的前提下，为减少对工程实体的影响，新建道路钻芯取样一般选择标线位置	《城镇道路工程施工与质量验收规范》CJJ 1-2008 《公路工程沥青及沥青混合料试验规程》JTG E20-2011 《公路路基路面现场测试规程》JTG 3450-2019	路面厚度：每 1 000 m^2，测 1 点。 路基压实度：每 1 000 m^2，每压实层检测 3 点。 基层压实度：每 1 000 m^2，每压实层检测 1 点。 面层压实度：每 1 000 m^2，每压实层检测 1 点。 路基路面回弹弯沉：每车道，每 20 m 测 1 点	《公路路基路面现场测试规程》JTG 3450-2019	/

（续表）

序号	产品名称	检测项目 （参数）	组批规则 及取样方法	相关规范、规程 （取样依据）	取样方法及数量	检测标准	备注
10	外加剂	pH、氯离子含量、含水率（固体含量）、减水率、抗压强度比、泌水率比、硫酸钠含量、含气量、含固量、凝结时间差、抗压强度比、弯拉强度比、收缩率比、磨耗量	掺量大于1%（含1%），同品种的外加剂每一批号为100 t，掺量小于1%的外加剂每一批号为50 t，不足100 t和50 t也按一个批量计，同一批号的产品必须混合均匀	《混凝土外加剂》GB 8076-2008 《公路水泥混凝土路面施工技术细则》JTG/T F30-2014 《城镇道路工程施工与质量验收规范》CJJ 1-2008	每一批号取样数量不少于0.2 t水泥所需用的外加剂量	《公路工程水泥及水泥混凝土试验规程》JTG 3420-2020 《混凝土外加剂》GB 8076-2008 《混凝土外加剂匀质性试验方法》GB/T 8077-2012	/
11	钢纤维	强度等级、尺寸偏差、弯折性能、平均根数和标称根数、杂质含量	同一工程、同一规格型号同一批号	《公路水泥混凝土路面施工技术细则》JTG/T F30-2014 《城镇道路工程施工与质量验收规范》CJJ 1-2008	强度等级：10根。 尺寸偏差：10根。 弯折性能：10根。 平均根数和标称根数：100 g。 杂质含量：5 kg	《纤维混凝土应用技术规程》JGJ/T 221-2010	/
12	接缝材料	膨胀板：压缩应力、弹性复原率、挤出量、弯曲荷载	同一工程同类产品10 m^3为一批	《公路水泥混凝土路面施工技术细则》JTG/T F30-2014 《城镇道路工程施工与质量验收规范》CJJ 1-2008	每批接缝板任取3块样品作为试验样品	《公路水泥混凝土路面接缝材料》JT/T 203-2014	/
13	填缝料	聚氨酯类：表干时间、拉伸模量、弹性恢复率、定伸黏结性、固化后针入度、耐水性、水泡4 d黏结性、抗光氧热加速老化。 硅酮类：表干时间、针入度、拉伸模量、定伸粘结性、弹性恢复率、抗拉强度、延伸率、耐高温性、负温抗裂性、耐油性	同工程同品种同标号产品不超过20 t为一批	《公路水泥混凝土路面施工技术细则》JTG/T F30-2014 《城镇道路工程施工与质量验收规范》CJJ 1-2008	每批任选3桶，在桶内拌和均匀后取样。每桶取样不少于1 kg（双组分按配制成品数量计）	《公路水泥混凝土路面接缝材料》JT/T 203-2014 《公路水泥混凝土路面施工技术细则》JTG/T F30-2014	/

（续表）

序号	产品名称	检测项目（参数）	组批规则及取样方法	相关规范、规程（取样依据）	取样方法及数量	检测标准	备注
14	路缘石	尺寸偏差、弯拉强度、抗压强度、吸水率、抗冻性	同一工程同材料同厂家	《城镇道路工程施工与质量验收规范》CJJ 1-2008	每种、每检验批 1 组	《混凝土路缘石》JC/T 899-2016	/
15	隔离墩	混凝土强度	每种不超过 2 000 块为一批	《城镇道路工程施工与质量验收规范》CJJ 1-2008	每种、每检验批 1 组		/
16	岩石	单轴抗压强度、含水率、密度、毛体积密度、吸水性、抗冻性	路面工程用的石料试验，采用圆柱体或立方体试件，其直径或边长和高均为 50 mm±2 mm	《城镇道路工程施工与质量验收规范》CJJ 1-2008 《公路工程岩石试验规程》JTG E41-2005	每组试件共 6 个	《公路工程岩石试验规程》JTG E41-2005	/
17	土工合成材料	单位面积质量、厚度、幅宽、网孔尺寸、宽条拉伸、接头/接缝宽条拉伸、条带拉伸试验、梯形撕破强力、CBR 顶破强力试验、刺破强力试验、直剪摩擦、拉拔摩擦、水力性能试验、耐久性能试验	同一工程同一规格型号同一批号	《城镇道路工程施工与质量验收规范》CJJ 1-2008 《公路工程土工合成材料试验规程》JTG E50-2006	取卷装，并原封不动状，全部试验的试样应在同一样品中裁取，卷装材料头两层不应取样作样品，避免污渍、折痕、孔洞等损伤部分	《公路工程土工合成材料试验规程》JTG E50-2006	/
18	道路交通标线	标线涂层厚度、抗滑值（BPN）、标线线段长度、标线宽度、标线横向偏位、标线纵向间距、逆发射亮度系数 RL	按工程桩号取样	《城镇道路工程施工与质量验收规范》CJJ 1-2008 《公路工程质量检验评定标准》JTG F80/1-2017	标线涂层厚度：每 1 km 测 3 处，每处 6 点。 标线抗滑值（BPN）：每 1 km 测 3 处。 几何尺寸：每 1 km 测 3 处。 逆发射亮度系数 RL：每 1 km 测 3 处，每处 9 点	《道路交通标线质量要求和检测方法》GB/T 16311-2009、《公路工程质量检验评定标准》JTG F80/1-2017	/

（续表）

序号	产品名称	检测项目（参数）	组批规则及取样方法	相关规范、规程（取样依据）	取样方法及数量	检测标准	备注
19	交通安全设施	标志面反光膜逆反射系数、波形梁板基底金属厚度、立柱基地金属壁厚、横梁中心高度、立柱中距、护栏混凝土强度、安装高度、安装角度、立柱竖直度、立柱埋深、涂层厚度	按工程桩号取样	《城镇道路工程施工与质量验收规范》CJJ 1-2008 《公路工程质量检验评定标准》JTG F80/1-2017	按照标准 JTG F80/1-2017 中 11.2～11.11 检测方法和频率施行	《公路交通安全设施施工技术规范》JTG F71-2006、《公路工程质量检验评定标准》JTG F80/1-2017	/
20	混凝土路面砖	尺寸偏差、抗压强度、吸水率、抗冻性、抗折强度、抗滑性能	同一工程、同一类别、同一规格、同一强度等级、铺装面积 3 000 m^2 为一批，不足 3 000 m^2 亦按一批量计	《混凝土路面砖》GB/T 28635-2012	每组随机抽样， 尺寸偏差：20 块。 强度等级：10 块。 抗冻性能：10 块	《混凝土路面砖》GB/T 28635-2012	/
21	烧结路面砖	尺寸偏差、抗压强度、吸水率及饱和系数、抗冻性能、耐磨性能	同类别、同规格、同等级的路面砖，每 3.5 万～15 万块为一检验批；不足 3.5万块，亦按一批计；超过 15 万块，批量由供需双方商定	《烧结路面砖》GB/T 26001-2010	尺寸偏差：10 块。 抗压强度：10 块。 吸水率及饱和系数：5 块。 抗冻性能：5 块。 耐磨性能：5 块	《烧结路面砖》GB/T 26001-2010	/
22	透水路面砖/板	尺寸偏差、劈裂抗拉强度、抗折强度、透水系数、抗冻性能、防滑性	同批原材料、同生产工艺、同标记的 1 000 m^2 透水块材为一批，不足 1 000 m^2 亦按一批计	《透水路面砖和透水路面板》GB/T 25993-2010	强度等级：5 块。 透水系数：3 块。 抗冻性：10 块。 耐磨性：5 块。 防滑性：3 块	《透水路面砖和透水路面板》GB/T 25993-2010	/

（续表）

序号	产品名称	检测项目（参数）	组批规则及取样方法	相关规范、规程（取样依据）	取样方法及数量	检测标准	备注
23	地基与基桩	地基承载力、基桩承载力、桩身完整性、成孔质量、地表沉降	平板载荷试验：每个场地同一持力层，不宜少于3个试验点，试验点应布置在场地中有代表性的位置。 动力触探：单位工程检测数量不少于10点，当面积超过3 000 m^2 应每500 m^2 增加1点。 单桩竖向抗压静载试验：检测数量应满足设计要求，不少于3根。 低应变：符合JTG/T 3512-2020中8.3.4要求。 高应变：检测桩应具有代表性，单位工程同一条件下检测单桩竖向抗压极限承载力时，不宜少于5根，对工程地质条件复杂和对施工质量有疑问时，应增加检测数量。 超声波法：符合JTG/T 3512-2020中10.3.1要求。 钻芯法：符合JTG/T 3512-2020中11.3.1要求	《建筑地基基础工程施工质量验收规范》GB 50202-2018 《建筑基桩检测技术规范》JGJ 106-2014 《建筑地基检测技术规范》JGJ 340-2015 《公路工程基桩检测技术规程》JTG/T 3512-2020 《公路桥涵施工技术规范》JTG/T 3650-2020 《铁路工程地质原位测试规程》TB10018-2018 《公路软土地基路堤设计与施工技术细则》JTG/T D31-02-2013	平板载荷试验：单位工程检测数量为每500 m^2 不应少于1点，且总点数不少于3点。 低应变：桩基设计甲级或地基条件复杂、成桩质量可靠性低的灌注桩工程，检测数量总桩数30%，不少于20根，其他桩基工程，检测数量总桩数20%，不少于10根。 高应变：检测数量不宜少于总桩数的5%，且不得少于5根。 超声波法：不少于总桩数的10%。 钻芯法：不少于总桩数的10%	《公路工程基桩检测技术规程》JTG/T 3512-2020 《公路桥涵施工技术规范》JTG/T 3650-2020 《铁路工程地质原位测试规程》TB10018-2018 《公路软土地基路堤设计与施工技术细则》JTG/T D31-02-2013	/

（续表）

序号	产品名称	检测项目（参数）	组批规则及取样方法	相关规范、规程（取样依据）	取样方法及数量	检测标准	备注
24	种植土	外观、有效土层、pH、含盐量、有机质、质地、土壤入渗率	每 2 000 m^2 采一个样，至少由 5 个取样点组成，小于 2 000 m^2 按一个样品计；绿化面积＞30 000 m^2 可以根据现场实际情况适当放宽采样密度，取样点相应增加；土质不均匀适当增加取样密度	《绿化种植土壤》CJ/T 340-2016 《森林土壤 pH 值的测定》LY/T 1239-1999 《森林土壤水溶性盐分分析》LY/T 1251-1999 《森林土壤有机质的测定及碳氮比的计算》LY/T 1237-1999 《森林土壤颗粒组成(机械组成)的测定》LY/T 1225-1999 《森林土壤渗滤率的测定》LY/T 1218-1999	每组样品 5 kg	《绿化种植土壤》CJ/T 340-2016 《森林土壤 pH 值的测定》LY/T 1239-1999 《森林土壤水溶性盐分分析》LY/T 1251-1999 《森林土壤有机质的测定及碳氮比的计算》LY/T 1237-1999 《森林土壤颗粒组成(机械组成)的测定》LY/T 1225-1999 《森林土壤渗滤率的测定》LY/T 1218-1999	/
25	混凝土结构	混凝土强度、碳化深度、裂缝、表观缺陷、钢筋保护层厚度、钢筋位置	混凝土强度检测可采用单个构件检测或按批抽样检测，大型结构按施工工序可划分为若干个检测区域，每个检测区域作为一个独立构件，根据检测区域数量及检测需要，选择检测方式。钻芯法按每个单体取样	《回弹法检测混凝土抗压强度技术规程》JGJ/T 23-2011 《混凝土结构工程施工质量验收规范》GB 50204-2015 《超声回弹综合法检测混凝土抗压强度技术规程》DB37/T 2361-2013 《混凝土中钢筋检测技术规程》JGJ/T 152-2019 《钻芯法检测混凝土抗压强度技术规程》DB37/T 2368-2013 《回弹法检测混凝土抗压强度技术规程》DB37/T 2366-2013	混凝土强度： 回弹法根据构件数量取样； 超声回弹综合法按每 1 000 m^2 至少选择 1 个构件检测； 钻芯法按每个单体 3 组	《超声回弹综合法检测混凝土抗压强度技术规程》DB37/T 2361-2013 《钻芯法检测混凝土抗压强度技术规程》DB37/T 2368-2013 《回弹法检测混凝土抗压强度技术规程》DB37/T 2366-2013 《回弹法检测混凝土抗压强度技术规程》JGJ/T 23-2011	/